GASVERTEILUNG

Genormtes Stadtgas
zwischen Erzeugung und Verbrauch

Herausgegeben von

Dr. Wilh. BERTELSMANN

früher Chemiker
der Berliner Städtischen Gaswerke

ERNST KOBBERT VDI

Magistratsbaurat i. R.
Königsberg Pr.

unter Mitwirkung von

Dipl.-Ing. F. Flothow, Dr. H. Chr. Gerdes,

Dr. techn. Dipl.-Ing. F. Schuster

Mit 50 Abbildungen
und 21 Zahlentafeln

MÜNCHEN UND BERLIN 1935

VERLAG VON R. OLDENBOURG

Druck von R. Oldenbourg, München und Berlin
Copyright by R. Oldenbourg 1935
Printed in Germany

DER DEUTSCHEN ENERGIEWIRTSCHAFT

ZUGEEIGNET!

Vorwort.

Der Geschlechter Folge — — — ihre Nahrungssorgen, die Verteidigung ihres Lebensraumes, ihr pflanzenhafter Trieb nach Wachstum und Ausbreitung der Erkenntnis — — — das alles gibt dem Strom der Zeiten sein Gepräge, die Fülle der Lebensaufgaben — — — die Technik antwortet mit ihrem Gestalten aus Wissenschaft und wagemutigem Entschluß: Wirtschafts-Entwicklung.

Der Geschichtschreiber deutscher Wirtschaft wird einst ein Kapitel mit besonders starken Strichen herauszeichnen: »Kohle und Arbeit.«

»Deutsche Energie-Wirtschaft« heißt darin ein bedeutungsvolles Gebiet, ein beachtlicher Abschnitt:

»Die deutsche Gasversorgung.«

Das Schrifttum der Gastechnik zeigt ein lebhaftes Bild der Entwicklung ihrer wissenschaftlichen Grundlagen, des Wandels der Arbeitsweise in Gaserzeugung und Gasverwertung. Daneben hat man sich verhältnismäßig wenig mit den Zusammenhängen und Methoden neuzeitlicher Gasverteilung beschäftigt.

Zur Ausfüllung dieser Lücke will das vorliegende Buch einen Beitrag leisten. Dem praktischen Fachmann, dem Verwaltungsbeamten und dem jungen Nachwuchs in Technik und Wirtschaft der Gasversorgung will es dienen.

Allen Helfern, dem großen Kreis derer, welche aus dem Erfahrungsschatz der Städteverwaltung und der Betriebe Material beisteuerten, das hier gestaltet wurde, welche die Handschrift vorzubereiten und druckreif anzufertigen halfen, ihnen allen danken auch an dieser Stelle namens der Verfasser

Berlin-Waidmannslust
————————————, Juni 1935.
Königsberg-Pr.

Die Herausgeber.

Inhaltsverzeichnis.

Einleitung.

»Steinkohlengas zur Beleuchtung« von Gebäuden und größeren Gebäudegruppen war zwar schon um die Wende des 18. Jahrhunderts bekannt [II, 16][1]; aber erst um 1805 [II, 16] entstand die großhändlerische »Gasverteilung« im Sinne heutiger Städteversorgung aus der lebhaften Werbetätigkeit eines Deutsch-Böhmen Winsor — in deutscher Schreibweise Winzer. Dieser Mann verstand es, auf Grund der Erfindungen William Murdochs, eines Engländers, und des Franzosen Philippe Le Bon, sowie mit Unterstützung von Samuel Clegg, eines Schülers Murdochs, ein Parlamentsprivileg zur Erzeugung von Leuchtgas für ganz Großbritannien zu erlangen. Dann kam es 1809 zur Gründung der London-Westminster-Chartered Gaslight and Coke Company, die 1812 erstmalig einen Londoner Stadtteil mittels Gaslaternen — vorher waren es Öllampen — erleuchtete.

Die ersten deutschen Gasverteilungsrohrnetze entstanden 1825/26 [I 7 (2 d)]. Auf Grund eines Vertrages von 1825 eröffnete die Imperial-Continental-Gas-Assoziation am 2. September 1826 [I 7 (2 e)] die Gasverteilung und öffentliche Straßenbeleuchtung der Stadt Hannover; am 19. September 1826 folgt dann Berlin [I 7 (2 c u. f)], am 27. April 1828 die erste öffentlich-rechtliche Gasverteilung in Dresden [II, 45], welche anfangs Staatsbesitz, ab 1830 städtisch war. Weitere Gründungen schließen sich an; aber erst etwa 25 Jahre später folgt eine lebhafte Gründungstätigkeit für Gaswerke in Städten mittlerer Größe — seit etwa 1900 die Gründung von Gaswerken in kleinen und kleinsten Gemeinden.

Diese ganze Entwicklung stand ausschließlich im Zeichen des Gas-Beleuchtung. »Gas« war das Erzeugnis von »Retorten-Gaswerken«. Damit war auch für die Rohrnetzplanung eine einheitliche Grundlage gegeben: Bevölkerungsziffer und Wirtschaftsgefüge des Gasversorgungsgebietes bestimmten die Jahresgasabgabe, der Brennkalender der öffentlichen Beleuchtung die Kurve der Monats-, Wochen- und Werktagsgasabgabe. Daraus folgt dann in einfachster Rechnung die höchste »stündliche« Gasabgabe. Von dieser Zahl geht dann die Berechnung der Rohrnetzquerschnitte aus. So erklärt es sich, daß die Handbücher der Gas-

---

[1]) Diese [ ] Zahlen beziehen sich auf das Literatur-Verzeichnis S. 174 ff.

technik bis in ihre neuesten Auflagen vornehmlich nur Planung und Berechnung »neuer« Rohrstrecken behandelten. Zur Behebung unzulässigen Druckabfalls in einer Rohrstrecke gab es ja keine andere Wahl als Auswechselung und/oder Verstärkung benachbarter Leitungen. Das ist anders geworden. Die Frage nach der höchsten Leistungsfähigkeit einer vorhandenen Rohrstrecke oder nach dem Gasbedarf einer Gruppe von Gasverbrauchern steht neuerdings unter einer ganzen Reihe veränderlicher Einflüsse. Steigerung der Gasverteilung eines Rohrnetzes hat heute mancherlei Möglichkeiten; zudem ist »Gas« im Sinne der Städteversorgung längst nicht mehr das einheitliche Erzeugnis der Steinkohlendestillation in Retorten.

Bei »Gasverteilung« denkt man heute sowohl an Entgasen, Vergasen — mittels Luft und reinem Sauerstoff —, als auch an die Restgase der Wasserstoffgewinnung aus Kohledestillation, an die Anlagerung von Wasserstoff an Kohlenoxyd, an die Hydrierung [I 4 (3 c)] verschiedener bituminöser Stoffe u. a. m.

Daher hat die Gasverteilung, unbeschadet der Gasnormung [I 1 u. I 7 (7 a) und I 7 (8 e)], je nach Erzeugungsmethode mit verschiedenen Eigenschaften ihrer »Ware« zu rechnen. Zur Einführung in die Planung, Ausführung und Untersuchung von Gasverteilungsrohrnetzen behandeln wir daher im vorliegenden Buche zunächst die Beziehungen der Gaslieferung zur allgemeinen Energieverteilung, die Technik der Rohrnetzplanung und dann Herstellung, Betrieb und Wirtschaft von Gasversorgungsanlagen.

1. Kapitel

Das Gas in der Energiewirtschaft von heute.

A. Stand der Technik von Licht, Kraft und Wärme.

I. Vom gesamten Energiebedarf Deutschlands entfallen auf Wärme 80%, Kraft 19%, Licht 1% [I 7 (8 c)].

Dieser Bedarf deckt sich — von örtlich bedeutungsvollen, in großem Gesamtbereich aber belanglosen Energiespendern abgesehen (Windkraft, Wasserkraft usw.) — im wesentlichen aus drei großen Quellen: den festen und flüssigen »Roh«-Brennstoffen wie Kohle, natürliches Öl u. dgl. und den »veredelten« Energieträgern: Gas, Elektrizität, Öl aus anderen Energieträgern, »künstlichem Öl«.

Nach der 54. Gasstatistik des DVGW, an welcher sich 737 deutsche Gaswerksverwaltungen beteiligten, wurden für das Betriebsjahr 1932 bzw. 1932/33 33,744 Mio Einwohner mit 3050 Mio m³ Gas versorgt. Das von Gaswerken erzeugte Gas teilte sich wie folgt auf:

Steinkohlengas	2071 Mio m³
Wassergas (blau und karburiert) . . .	301 » »
Doppelgas (Kohlenwassergas)	17 » »
Mischgas	11 » »

Außerdem wurden bezogen und verteilt:

Gaswerksgas	138 Mio m³
Kokereigas	587 » »
Klärgas	5,7 » »

Der Kohlenverbrauch der Werke mit eigener Gaserzeugung betrug 5,143 Mio t; die Menge ihrer Nebenerzeugnisse

3,819 Mio t Koks, 223 168 t Teer,
12 173 t Vorprodukt und 9152 t Benzole.

Die durch Messer nachgewiesene Gasabgabe umfaßte 2375,5 Mio m³, die Gasabgabe für Straßenbeleuchtung 276 Mio m³. Neben dem in Gaswerken erzeugten Stadtgas, das durch die Normen von Krummhübel, Köln und Kassel[2]) zu einem Brenngas von genau umschriebenen Eigenschaften geworden ist, stehen in Deutschland ungeheure Mengen Koksofengas aus dem Kohlen- und Industriegebiet zur Verfügung. Dieses Koksofengas ist dem üblichen Stadtgas brenntechnisch gleichwertig, hat gleichen Heizwert (Brennwärme), gleiche Dichte[3]) und unterscheidet sich lediglich durch einen höheren Gehalt an inerten (nicht brennbaren) Bestandteilen, welcher durch die Betriebsart der Koksöfen bedingt ist. Bis vor wenigen Jahren wurde von den Koksofengasmengen nur ein geringer Teil zur Stadtgasversorgung herangezogen; es waren einschließlich des Industriegases wenige hundert Mio m³. Durch straffe Organisation, der sog. Ferngasversorgung, konnte die Koksofengasabgabe ganz gewaltig gesteigert werden und betrug im Jahre 1933 bereits 1077 Mio m³ [I 7 (8 a)]. Heute erstreckt sich die Ferngasversorgung vom Ruhrgebiet nach Norden bis Hannover, nach Süden vom Ruhrgebiet und/oder Aachener Revier bis zum Oberrhein und Süddeutschland, in Kürze auch vom Saargebiet ebendahin usw. Die vorgenannte Koksofengasabgabe verteilte sich folgendermaßen:

Eisen- und Stahlwerke	359 Mio m³ =	33,3%
Eisen verarbeitende Industrie	383 » » =	35,5%
Metallurgische Industrie der Nichteisen- metalle	17 » » =	1,6%
Chemische Industrie	109 » » =	10,1%
Glas- und keramische Industrie	33 » » =	3,1%
Sonstige Industriezweige	7 » » =	0,7%
Kommunalgas (Haushalt und Gewerbe) . .	169 » » =	15,7%

Die Abgabe von Kohlengas (Gaswerksgas plus Koksofengas) hatte damit im Jahre 1933 einen Betrag von 4,22 Mia m³ erreicht.

Abschließend sei darauf hingewiesen, daß neben Stadtgas und Koksofengas beträchtliche Mengen von Hochofengas anfallen und als Generatorgas hergestellt werden; deren Wärmewert übersteigt denjenigen des gesamten Stadtgases. Die genannten Gasmengen betragen in den einzelnen Gruppen [II, 37] zur Zeit etwa jährlich:

Stadtgas . . .	3 150 Mio m³	je	4000 kcal	=	12 600 Mia kcal		
Kokereigas . . :	9 000 »	»	» 4000 »	=	36 000 »	»
Hochofengas .	45 000 »	»	» 800 »	=	36 000 »	»
Generatorgas .	50 000 »	»	» 1200 »	=	60 000 »	»
	107 150 Mio m³				144 600 Mia kcal.		

Nach Burgbacher [I 7 (8 f)] beträgt der Stromverbrauch Deutschlands zur Zeit rd. 26 Mia kWh; davon werden gewonnen aus

---

[2]) Vgl. 1. Kap., B, II.
[3]) Vgl. 1. Kap., B., II.

Steinkohle . . . . 11 Mia kWh
Braunkohle . . . . 10 » »
Wasserkraft . . . . 4 » »
Gas . . . . 1 » »

Die flüssigen Brennstoffe nehmen in unserer Zeit der Motorisierung eine Sonderstellung ein. Für die Wirtschaft der Gasverteilung ist das insofern von Bedeutung, als gewisse Ölerzeugungsverfahren mit einem entsprechenden Anfall von Brenngas verbunden sind, welches Brenngas im Rahmen einer sinnvollen Energiewirtschaft mit höchstem Wirtschaftswirkungsgrad ausgenutzt werden sollte. Ähnliche Verhältnisse beschäftigen die Fachkreise schon lange beim Koks.

II. Die Bevorzugung der Energien in Gasform vor denjenigen fester Brennstoffe meint man mit der »Sparsamkeit« begründen zu müssen und denkt dabei an eine gewisse Fürsorge für die Kohlewirtschaft späterer Geschlechter, an die Schonung des abbauwürdigen Kohlevorkommens in Deutschland. Angesichts schwerer Gegenwartssorgen dürfte ein solcher Grund allein nicht durchschlagen. Im Gegenteil müßte u. U. die größere Kohlenmenge für einen bestimmten Wirtschaftsbedarf vorteilhafter erscheinen, wenn man glauben könnte, daß damit mehr Arbeitsgelegenheit verbunden wäre. Aber das Gegenteil ist tatsächlich der Fall.

Nach einer Statistik des Reichskohlenverbandes [I 7 (7 d)] hatte z. B. Deutschland im Jahre 1931 — auf Kohleneinheiten umgerechnet — einen Kohleverbrauch von $109\,056 \cdot 10^3$ t.

Davon können wir $35\,207 \cdot 10^3$ t = $32{,}3\%$ Kohleverbrauch der Gaswerke, Erzgewinnung und Chemie »gasförmig verwertet« rechnen. Bei einem durchschnittlichen Heizwert dieser Kohle von 7400 $\dfrac{\text{kcal}}{\text{kg}}$ und einem Nutzwert der verwendeten Gasmengen von 1350[4a] kcal/m³ berechnet sich daraus nach Kobbert [I, 14] eine Gasmenge — als Nutzwärme gedacht — von

$$Q = \frac{35\,207 \cdot 10^3 \cdot 7\,400 \cdot 10^3 \cdot 0{,}44}{1\,350} = \text{rd. } 104\,272 \cdot 10^6 \text{ m}^3.$$

Dieser Wert deckt sich sehr gut mit der Statistik S. 14 dieses Kapitels, wo $107\,150 \cdot 10^6$ m³ $144\,600 \cdot 10^9$ kcal entwickelten, also 1 m³ im Mittel 1350 kcal hatte. Nach der angeführten Literaturstelle — »Wirtschaftsdienst Hamburg 1929« — könnte man also den Kohleverbrauch von 1931, soweit er als fester Brennstoff verwertet wurde, theoretisch auf eine Menge $Q_1 = \dfrac{(100 - 32{,}3) \cdot 0{,}15}{0{,}44\,[4b]} = \text{rd. } 22\%$ auf $25\,083 \cdot 10^3$ t gegen $(109\,000 - 35\,207) \cdot 10^3 = 73\,793$ t verringern.

[4a] Vgl. S. 14: $\dfrac{144\,600 \cdot 10^9}{107\,150 \cdot 10^6}$.

[4b] Zahlentafel S. 1634 a. a. O. und [II, 41].

Aber selbst wenn man aus Gründen der nächsten Zukunft diese Verringerung nur beim Hausbrand 1931 (33,9%) vornehmen wollte, so wäre das schon von großer Bedeutung! Jedenfalls entnehmen wir unserer statistischen Betrachtung,

> daß sich schon im Laufe der bisherigen Entwicklung deutscher Kohlewirtschaft — bis 1931 — 32,3%, also rund ein Drittel des deutschen Kohlenverbrauchs auf »gasförmige Verwertung« umgestellt hat!

Ohne besonders tiefgründige Untersuchung, aus einfachem Rückschluß, dürfen wir behaupten, daß dieser Vorgang sicherlich keiner irgendwie sentimental gearteten Sorge um Deutschlands Kohlevorkommen entsprungen ist! Diese Entwicklung ist sicherlich das Ergebnis des Wirtschaftskampfes um Deutschlands Nahrung und der Verteidigung von Deutschlands Lebensraum. Diese Entwicklungzeit der Wanderung vom festen zum gasförmigen Brennstoff dürfen wir der Zeit seit des Chemiker Hofmanns Lebensarbeit gleichsetzen; Hofmann war der Begründer der Chemie der Kokereinebenerzeugnisse. In diesen rund 100 Jahren hat sich die deutsche Bevölkerung mehr als verdoppelt [II, 43]. In den letzten 50 Jahren hat sich der Anteil der in Land- und Forstwirtschaft Erwerbstätigen an der Gesamtbevölkerung von 42,2% auf 30,5% im Jahre 1925 verringert, die Gesamtbevölkerungsziffer von rd. 45 auf 63 Mio Köpfe vermehrt. An dieser Stelle brauchen wir auf die bevölkerungspolitische Bedeutung dieser Ziffern nicht einzugehen. Wir nehmen sie als Tatsache und schöpfen daraus die Erkenntnis:

> Jener Bevölkerungsanteil, welcher durch Intensivierung der Landwirtschaft u. a. m. seinen Lebensraum auf dem platten Lande nicht mehr fand, alle diese Millionen Menschen haben in der auf Kohlewirtschaft aufgebauten Industrie ihren Lebensraum gefunden!

Diese Industrie vermochte diesen Lebensraum zu geben, weil sie im großen Raum der Weltwirtschaft, in beständigem Wettbewerb ihrer Arbeitsergebnisse die geeigneten Märkte fand. Voraussetzung eines solchen Erfolges sind:

> Beste Warenbeschaffenheit auf Grund höchster Qualität der Arbeit von Kopf und Hand und günstigste Preisstellung als Höchstleistung der Ausbeute von Rohstoff und Arbeit.

Diese beiden Tatsachen schließen auch den Arbeitserfolg in sich ein, welchen das Gasfeuer gegenüber dem Kohlefeuer mit dessen Leergangsarbeit, seinen gesundheitlichen Belästigungen und seiner schwerfälligen Anpassung an die Erfordernisse des Arbeitsvorganges gewährleistet. Erst das Gasfeuer machte es möglich, die Flamme an jede beliebige Stelle großer Werkstücke (z. B. bei der Dampfkesselschweißung!) zu bringen, ähnlich wie das elektrische Licht am Draht mit seiner Unabhängigkeit von der Beleuchtungsrichtung, unbeschadet aller Preisstellungen, sich seinen Platz errang. Darum hat auch das Gasfeuer die Zukunftsaufgabe, weitere Mengen Rohkohlenverbrauch zu verdrängen und damit an der Dezentralisierung der Industrie bedeutsam mitzuarbeiten. Wenn also die Umschichtung der vorher angeführten Zahlen 30,5 und 42,2 eine völkische Notwendigkeit wird, dann und überall da ist das Gas mit seiner Beweglichkeit, insbesondere mit der Leitung unter hohem Druck — und diese im Bunde mit dem Kabel — das wichtige Mittel, um die Rückbildung des Mißverhältnisses in der Bevölkerungsdichtigkeit von Stadt und Land ohne Einbuße an Gewerbefleiß und ohne Minderung der Lebenshaltung der arbeitenden Bevölkerung durchzusetzen.

III. Darum hat in der heutigen Wirtschaft die Eifersucht von Werksgruppen, der Wettbewerb — hie Strom, hie Gas — keinen Raum mehr, wo man die Einzelwirtschaft einzelner Werke (Gaswerke) als Selbstzweck verteidigen wollte. Darum sollte heute auch die Bekämpfung der Ferngasbestrebungen, wie sie 1926 die Ruhrkohlenindustrie erfuhr, historisch geworden sein! Heute klingt es wie ein Scherz, daß zur Zeit der ersten Großversuche zur Nutzbarmachung von Braunkohlengas für Städteversorgung an führender Stelle der deutschen Gaswirtschaft das Wort fiel: »Ja, wo bleiben wir Gasfachleute dann?« In diesem Sinne muß auch die Aufgabe behandelt werden, daß die Städteversorgung sich mehr und mehr darauf einrichtet, die Abfallgase aus der Industrie der synthetischen Öle dem Allgemeinverbrauch zuzuwenden, die üble Wirtschaft der kleinen Dampfkesselbetriebe dann endlich zum Gasfeuer überführt wird u. a. m. Alle diese Erwägungen drängen für die nächste Zukunft zur Neuordnung in der Energiewirtschaft. Zur Lösung dieser Aufgabe liegen für die Elektrizitätswirtschaft — als Teil der Energiewirtschaft — drei Gutachten aus jüngster Zeit vor, welche auch für den Gasfachmann von größtem Interesse sind: eines, das vom Reichswirtschafts-Ministerium veranlaßt, von der A.G. für deutsche Elektrizitätswirtschaft erstattet ist, eines der Abteilung U III B der NSDAP und schließlich ein Gutachten des Deutschen Gemeindetages [I 7 (8 b) und I 3 (2)]. Wenngleich diese drei Gutachten — der jeweiligen Einstellung ihrer Urheber entsprechend — hinsichtlich der Wege, welche zu dem gemeinsamen Ziel einer planmäßigen Steuerung der Energiewirtschaft führen sollen, noch völlige Uneinigkeit erkennen lassen, das Ziel ist bei allen das gleiche.

Für die Energieverteilung ist die Deckung des Kraft- und Lichtbedarfs in der allgemeinen Energieversorgung vornehmlich der Elektrizität vorbehalten. Für die Stromerzeugung gewinnt der Gasmotor wieder wachsende Bedeutung. Hierzu noch einige Worte über die Lichterzeugung. Für Innenbeleuchtung scheidet das Gas in Deutschland völlig aus; es behauptet sich dank gewisser Vorzüge lediglich in der Straßenbeleuchtung. In anderen Ländern liegen die Verhältnisse anders und nicht so sehr zugunsten des elektrischen Lichts. Von örtlichen Verhältnissen abgesehen, entspricht die Entwicklung in Deutschland mehr dem allgemeinen Fortschritt in der Energieverwendung, in technischer und auch in kultureller Beziehung. Bleibt die Wärme! Eingangs dieses Kapitels 1 sahen wir, welch großen Anteil gerade die Wärme am Energiebedarf hat. Und hier liegt auch das ureigenste Gebiet der Brenngasverwendung. Das vornehmste unserer technischen Brenngase hat sich vom früheren »Leuchtgas« der Gas-»Anstalten« zum heutigen wärmetechnisch hochwertigen »genormten« Stadtgas gewandelt.

B. Das Stadtgas.

I. Der Verbrauch an Stadtgas verteilt sich auf folgende Gruppen von Verbrauchsarten [I 7 (8 f)]:

Haushaltungen . . . . rd. 60%
Gewerbe, Industrie, Heizung . . . . » 30%
Öffentliche Beleuchtung . . . . » 10%.

Es ist anzunehmen, daß sich das Verhältnis für den Gesamtverbrauch Deutschlands in den nächsten Jahren — von örtlichen Schwankungen abgesehen — zugunsten der zweiten Gruppe verschieben wird, weil der Gasverbrauch durch Umstellungen im Gewerbe, in der Industrie und durch erhöhte Heranziehung zur Raumheizung ständig steigt.

In der Wirtschaftskrise seit dem Gasabgaberekordjahr 1929 sank zwar die Gaserzeugung der deutschen Stadtgaswerke; sie betrug 1933 etwa 3,1 Mia m³. Gegenwärtig bewegt sie sich in aufsteigender Linie. Z. B. greifen wir die Bewegung der Monate April bis Juni 1933/34 heraus. Da ergeben sich folgende Hundertsätze für die Zunahme in der Gesamtgaserzeugung:

	Veränderung
April 1934 gegen April 1933	+ 1,50%
Mai 1934 gegen Mai 1933	+ 0,96%
Juni 1934 gegen Juni 1933	+ 3,75%.

Interessant ist hierbei, daß die verhältnismäßig stärkere Zunahme die kleinen und mittleren Werke zeigen, während in den Großstädten die Dinge viel ungünstiger liegen.

Einige Zahlenbeispiele städtischer Versorgungsgebiete mögen zeigen, wo die Propaganda am günstigsten einzusetzen hat und welche Ergebnisse durch rege und zielbewußte Werbung erreicht werden können.

Die Thüringer Gas, Leipzig, gab im Jahre 1932 140,3 Mio m³, im Jahre 1933 140,2 Mio m³ ab. In den einzelnen Abnehmergruppen betrugen die Veränderungen:

```
Haushaltungen . . . . . . . . . . . . . . . — 6,5%
Münzgasmesser . . . . . . . . . . . . . — 2,1%
Industriegas . . . . . . . . . . . . . . . + 12,0%
Gewerbe . . . . . . . . . . . . . . . . . + 1,8%
Heizgas . . . . . . . . . . . . . . . . . — 0,7%.
```

Bielefeld hatte im Jahre 1933 eine Abgabe von 17,5 Mio m³ entsprechend einer Gesamtzunahme gegenüber 1932 von 12,1%. Im einzelnen betrugen die Zunahmen:

```
Kleinverbraucher . . . . . . . . . . . + 10%
    (Zunahme hauptsächlich infolge gestei-
        gerter Abgabe von Heiz- u. Gewerbegas)
Großabnehmer (Industrie) . . . . . . . + 28,4%
Beleuchtung . . . . . . . . . . . . . . + 4,5%.
```

In Würzburg war die Gesamtgasabgabe 1933 mit 12,3 Mio m³ um 1,24% größer als 1932. Die Veränderungen verteilen sich wie folgt:

```
Allgemeingas . . . . . . . . . . . . . . . — 1,9%
Waschküchen . . . . . . . . . . . . . + 7,9%
Raumheizung . . . . . . . . . . . . . . + 11,1%
Gewerbe . . . . . . . . . . . . . . . . + 2,7%
Straßenbeleuchtung . . . . . . . . . . + 1,1%
```

Die beobachtete Zunahme an Gas für Beleuchtungszwecke ist weniger auf Neuanlagen als auf stärkere Ausnutzung der bestehenden Anlagen zurückzuführen. Man geht wieder auch zur normalen Straßenbeleuchtung über. Wenngleich in vielen Städten noch eine Abnahme der Gasabgabe 1933/32 zu verzeichnen ist, welche sich inzwischen für 1934 in eine Zunahme gewandelt hat, so ist doch allgemein eine ähnliche Entwicklung zu beobachten, wie sie die vorher aufgeführten Beispiele andeuteten. Einen noch größeren Erfolg der Intensivierung des Gasverbrauchs zeigt das Beispiel eines englischen Einfamilienhauses [I 7 (1 e)]. Wenn auch die dortigen Verhältnisse nicht ohne weiteres auf Deutschland zu übertragen sind [I 7 (1 e) u. I 13 (2)], so lernen wir doch daraus, welche Verbrauchssteigerungen noch insbesondere durch die Raumheizung möglich sind[5]. Gleichzeitig wird das vorher ausgesprochene Urteil bestätigt, daß das Hauptfeld zukünftiger Gasverteilung in der Wärme liegt. Der Gasverbrauch jenes Einfamilienhauses gliederte sich folgendermaßen:

```
Kochen . . . . . . . . . . . . . . . . . 28,4%
Heißwasserbereitung . . . . . . . . . . 9,0%
Beleuchtung . . . . . . . . . . . . . . . 11,0%
Heizöfen . . . . . . . . . . . . . . . . 48,4%
Plätten und Zündflammen . . . . . . . 3,2%.
```

---

[5] Vgl. 6. Kap., D, III.

Es gibt zu denken, daß der Gasverbrauch je Kopf der Bevölkerung in England etwa viermal so groß ist als in Deutschland [II 17 (1)].

II. Für die brenntechnische Verwendung und Bewertung des Stadtgases haben sich vor allem drei Eigenschaften als wichtig erwiesen:

Der obere Heizwert, nach Czáko [I 7 (8 e)] und Schaack besser als Brennwärme (I 13 (2)] zu bezeichnen;

die Dichte und die Zündgeschwindigkeit [I 7 (8 h)].

Czáko und Schaack haben ein Gerät ausgearbeitet, Prüfbrenner [I 7 (8 e)] genannt, das eine Fortbildung des Ottschen Gasprüfers darstellt und exakte Verhältniszahlen für die brenntechnische Bewertung von Gasen liefert. Die Anzeigen des Geräts hängen gleich denen des Ott-Brenners im wesentlichen vom Zusammenwirken der obengenannten drei Größen: Brennwärme, Dichte und Zündgeschwindigkeit ab.

Für die Berechnung der Rohrquerschnitte in der Gasverteilung[6]) haben also Brennwärme und Dichte grundlegende Bedeutung.

Kennt man den von einem Gasgerät für sein Werkstück (Kochgut) benötigten Wärmebedarf Q_e und die Brennwärme w/m^3 des verwendeten Gases, so kommt man zu dem Wert, welcher für die Rohrleitungsberechnung zugrunde zu legen ist, wenn man den Wert $\frac{Q_e}{w}$ durch den Wirkungsgrad η teilt. Es ist dann $Q_a = \frac{Q_e}{w \cdot \eta}$ m³.

Die Dichte erscheint unmittelbar in den Formeln für die Ermittlung der Rohrweite, welche für eine bestimmte Gasmenge benötigt wird (vgl. Kapitel 5, Abschnitt I, Ziff. 4).

Das Stadtgas ist im Laufe einer langjährigen Entwicklung[7]) zu einem Standard- oder Normgas geworden. Auf den Gasfachmänner-Jahresversammlungen in Krummhübel (1921), Köln (1925) und Kassel (1927) einigte man sich auf folgende hier zusammengefaßt dargestellte »Gasnormen«, welche zunächst als »Richtlinien« bezeichnet wurden. Nach GWF 1933, S. 153, sind die wichtigsten Bestimmungen:

Es soll ein Mischgas mit einem oberen Heizwert von 4000 bis 4300 kcal/m³ abgegeben werden. Dieser Heizwert soll durch Zusatz brennbarer Gase zum reinen Kohlengas aus der Entgasung und nicht durch übermäßige Beimischung von stickstoff- und kohlensäurereichen Gasen (Rauchgas, Generatorgas) erreicht werden.

Dichte unter 0,5 (Luft = 1).

Inerte (Kohlensäure plus Stickstoff) unter 12% (Bestimmungsgenauigkeit weniger als 0,2%).

---

[6]) Vgl. 5. Kap., Zahlentafel 10 u. 11.
[7]) Vgl. 2. Kap., A IV und A V.

Sauerstoffgehalt keinesfalls über 0,5%, tunlichst unter 0,2%.
Reinheit von Schwefelwasserstoff, Ammoniak und Teer,
Schwefelwasserstoff bei Fernleitungen bis 2 g/100 m³ zu-
lässig.

Ammoniak unter 0,5 g/100 m³.

Naphthalin unter $\frac{5}{p}$ g/100 m³; $p =$ Anfangsdruck des Gases
in ata.

Dauernde Gleichmäßigkeit in bezug auf Heizwert, Dichte
und Druck.

Gleichmäßigkeitsanforderungen[8]:

	absoluter Wert	Meßergebnisse
Heizwert H_o	$\pm$ 25 kcal	$\pm$ 75 kcal
Dichte d	$\pm$ 0,012	$\pm$ 0,015
Konstante $K = \dfrac{H_o}{\sqrt{d}}$ . . . . . . .1,5%.		

III. Mit Rücksicht auf unsere im folgenden — besonders in Kapitel
6 D — zu behandelnden Aufgaben wollen wir hier noch bei dem vorstehend angeführten Begriff des »Wirkungsgrades« verweilen:

»Wirkungsgrad« ist schlechthin das Verhältnis von tatsächlicher
Leistung zur Leistungsmöglichkeit. Was bedeutet uns im Sinne heutiger
Gasverteilung der Begriff »Wirkungsgrad«?

Verbrennt man in einem geeigneten Gerät Kohle von z. B. 4300 kcal
Heizwert und gewinnt im Kochgut nach dessen Menge und Temperatur
1000 kcal, dann ist der technische oder energetische Verbrennungs-
wirkungsgrad [I 7 (9 a)] der verbrannten Kohle einfach $w = \dfrac{1000}{4300} = 0,233$.
Durch diesen Bruch der beiden Meßgrößen ist der Wirkungsgrad ein-
deutig festgelegt. Wir bezeichnen ihn als gut oder schlecht, je nachdem
er sich der Zahl 1,00, d. i. der energetische obere Grenzwert, nähert.

Brauchen wir zur gleichen Kochleistung im gleichen Gerät ein
Quantum Holz (z. B. 3 kg) von 3600 kcal Brennwärme, dann ist unser
technischer Wirkungsgrad $W_h = \dfrac{1000}{3 \cdot 3600} = 0,093$, also viel schlechter.
Das brenntechnische Güteverhältnis von Kohle zu Holz wäre also in
diesem Falle $\dfrac{W_k}{W_h} = 2,5$. Gleichwohl kann man u. U. aus besonderen
wirtschaftlichen Gründen dazu gelangen, den energetisch schlechteren
Brennstoff vorzuziehen. Setzen wir z. B. den Fall:

---

[8] Siehe 2. Kap. A V Abs. 3.

Vor dem Hause unseres Kochgerätes möge der forstwirtschaftlich korrekte Abbau eines Waldes vor sich gehen. Bruchholz, Reisig, Wurzelholz bleiben dort liegen und dürfen beliebig lange lagern. Die Holzmenge könnte den Jahresbedarf decken. Transportkosten sind praktisch null. Für Kohle müßte man an dieser Stelle je 1000 Nutzkalorien das Vierfache als für Klobenholz bezahlen. Die Wirtschaftsmaßnahmen sind also einzurichten nach dem Verhältnis:

$$W' = \frac{\text{kg} = \text{Preis Kohle} + \text{Transport} + \text{Zinsen usw.}}{\text{kg} = \text{Preis Holz} \cdot \dfrac{W_k \cdot 4300}{W_h \cdot 3600} + \text{Lohn für Holzbewegung}}$$

$$= \frac{P_k + T_k + Z_k}{P_h + T_h + O} = \text{z. B. 4!}[9]$$

Dieser Bruch ist »Wirkungsgrad« im Sinne der Wirtschaft unseres Kochgerätes. Wir nennen ihn »werkswirtschaftlichen« Wirkungsgrad. Welcher Wert entscheidet nun? W oder W'? Selbstredend der zweite Wert. Jeder gewerbliche Betrieb kann zu dieser Überlegung seine Beispiele geben. Z. B. folgendes:

Zuerst: Die Umstellung eines Gewerbefeuers von Kohle auf Gas möge den Preis je 1000 kcal, welche nutzbar in das Arbeitsstück übergehen, z. B. auf das 2,5fache erhöhen, wenn man lediglich den Wärmeaufwand während der Zeiteinheit betrachtet. Das Kohlefeuer muß aber tagsüber dauernd brennen, um für kurze Benutzungsdauer schnell auf den erforderlichen Beharrungszustand kommen zu können. Infolgedessen wird das gesamte Kohlefeuer, nunmehr auf das Arbeitsstück bezogen, teurer — sagen wir z. B. fünfmal — als der gesamte Gasaufwand je Arbeitsvorgang, weil das Gasfeuer praktisch keiner Anlaufzeit und keines Leerlaufs bedarf.

Ein zweites Beispiel: Als um 1890 die Gasglühlichtbeleuchtung die Lichtleistung der Gasflamme vervielfachte, während sich der Verbrauch der üblichen Brenner halbierte, glaubten eifrige Gasverkäufer, das nunmehr die elektrische Beleuchtung mit ihrem vier- bis fünffachen Einheitspreis vor der etwa achtfachen Verbesserung der Gaslichtleistung nicht mehr wettbewerbsfähig wäre. Die Geschichte hat das Gegenteil bewiesen, ohne daß irgendein Natur- oder Wirtschaftsgesetz ungültig geworden wäre! Das Zahlenverhältnis 1:8 war eben nicht der exakt berechnete »wirtschaftliche« Wirkungsgrad. Für diesen hätten Benutzungsdauer, Glühkörperbruch u. a. m. in Rechnung gestellt werden müssen; und diese unbeachteten Anhängsel kehrten das Wertverhältnis 1:8 oft ins Gegen-

---

[9] Die Wärmekosten für unser Kochgut verhalten sich also:

$$\frac{\text{bei Kohle}}{\text{bei Holz}} = \frac{4}{0{,}233} : \frac{1}{0{,}093} \;\; \textbf{rd. 1,6 : 1.}$$

teil, insbesondere wenn noch gewisse Sicherheits-, Annehmlichkeits- und andere darstellbare Vorteile eingesetzt wurden!

Nun ein dritter sehr wichtiger Fall: Die Staatsregierung einer volkswirtschaftlichen Einheit sähe sich z. B. gezwungen, die Einfuhr gewisser Stoffe zu unterdrücken. Der Staat hält es sogar zur Entlastung kommender Generationen für richtig, Kapital zum Aufbau einer Industrie zu verwenden, welche den Gesamtjahresanfall von Windbruch, Wurzelholz usw. seiner Waldungen auf Jahre hinaus innerhalb seines Wirtschaftsbezirkes in solche Fertigware verarbeitet, welche jene Einfuhrstoffe vollwertig ersetzt. Es ergeht also ein Verbot von Hausbrand usw. mit solchem Abfallholz; es wird die zwangsweise Umstellung auf Braunkohle, Steinkohle usw. durchgeführt. Auch Torf darf nur so weit verbrannt werden, als er für die Herstellung gewisser Faserstoffe nicht verwendet werden kann. Jetzt ist für die Auswahl des Brennstoffes für unseren zuerst angeführten Feuerungsbetrieb ein anderer Wirkungsgrad entstanden. Infolge der Maßnahmen des Staates wird der Wert für P_h unserer Betrachtung des »werkswirtschaftlichen« Wirkungsgrades gegenüber dem Kohlepreis unendlich groß. Jetzt entsteht ein Wirkungsgrad, welcher ein vollkommen neues Güteverhältnis von Kohle und Holz schafft. Er ist weder technisch noch werkswirtschaftlich — letzteres wird er vielleicht später —, und doch ist er jetzt zwingend, er ist volkswirtschaftlich; und das um so zwingender, wenn die Kapitalsanlage dieser Umstellung die Bedeutung von Arbeitsbeschaffung auf lange Sicht hat.

2. Kapitel

Gaserzeugung und Gasverteilung.

A. Entgasen, Vergasen und Hydrieren.

I. In Deutschland wird heutzutage überwiegend ein Stadtgas von etwa 4200 kcal/m³ oberem Heizwert (Brennwärme) abgegeben. Das spezifische Gewicht dieses Gases liegt unter 0,5 (Luft = 1), die maximale Zündgeschwindigkeit bei 70 cm/s.

Es gibt verschiedene Wege, um zu einem Gas dieser Brenneigenschaften zu gelangen. Die Verfahren der Ent-, Vergasung und Hydrierung sind im Fachschrifttum [II 17 (1) (2) (3) u. II 37] im Bezug auf Arbeitsweise, technische Einzelheiten und Apparaturen so eingehend beschrieben worden, daß sich hier ein näheres Eingehen erübrigt. Wir wollen hier lediglich Begriffsbestimmung geben.

Unter Entgasen (= Verkoken) versteht man die Abspaltung brennbarer Gase aus festen Brennstoffen beim Erhitzen unter Luftabschluß (früher trockene Destillation genannt).

Vergasen heißt die Umwandlung fester oder flüssiger Brennstoffe in der Wärme in Gase unter Zuhilfenahme der Zersetzung von Vergasungsmitteln (Luft, Wasserdampf, Kohlensäure).

Hydrieren ist die Umwandlung eines festen, flüssigen oder gasförmigen Brennstoffs unter chemischer Bindung von Wasserstoff. Diese Bindung wird durch Wärme und Druck begünstigt, ferner durch feste metallische oder metalloxydische Stoffe, Katalysatoren genannt; letztere nehmen selbst an der Reaktion nicht teil, beschleunigen sie aber.

Hier wollen wir die Zusammenhänge zwischen den verschiedenen Möglichkeiten der Gaserzeugung im Rahmen der Gasverteilung näher betrachten. Vorerst einige Worte zur Rohstofffrage:

In den Anfängen der einstigen »Leuchtgasindustrie« wurde das Brenngas durch Entgasen von Steinkohlen gewonnen. Schon frühzeitig empfahl man neben der Steinkohle als Rohstoffe der Gaserzeugung Knochen, Öl, Holz, Torf usw., ohne daß sich einer dieser Stoffe, die Steinkohle restlos ersetzend, einbürgern konnte. Von größerer Bedeutung sind lediglich das Ölgas, das Holzgas und neuerdings das Braunkohlengas.

Das Ölgas spielt infolge seines hohen Heizwertes eine gewisse Rolle als Bestandteil beim Karburieren heizwertarmer Vergasungsgase.

Holzgas wurde von manchen Werken während des Krieges mit Erfolg erzeugt und verteilt und hat heute auf der Basis der Vergasung einige Bedeutung für den Antrieb von Lastkraftwagen. Es hat nicht an Versuchen gefehlt,

die Braunkohle zum Rohstoff der Stadtgaserzeugung zu machen [12]. Obwohl die technische Entwicklung der Braunkohlengaserzeugung die großpraktische Ausbildung erreicht hat, ist von einer bleibenden und völligen Umstellung eines Gaswerks auf Braunkohlenbetrieb bisher nichts bekannt geworden. Der Hauptnachteil der Braunkohle dürfte wohl darin liegen, daß sie entweder ein zu kohlensäurereiches Gas liefert, das den richtigen Heizwert nur durch Auswaschen eines großen Teils der Kohlensäure (teuer!) erzwingen läßt, oder daß zwar die Kohlensäure aufgespalten wird, der Heizwert dann aber zu niedrig liegt. Hingegen scheint die Sauerstoffdruckvergasung infolge Methanbildung eine gangbare Lösung zu eröffnen [I 4 (3 b)].

II. Bleiben wir vorläufig bei der Steinkohle!

Viel älter als ihre trockene Destillation zum Zweck der Gasgewinnung ist die ebenfalls auf der Entgasung beruhende Verkokung, die seit mehr als 300 Jahren betrieben wird. Während man anfangs nur darauf hinarbeitete, einen guten Koks herzustellen und auf die Nebenerzeugnisse verzichtete, ja es gar nicht verstand, sie zu gewinnen, bürgerte sich um die Mitte des vorigen Jahrhunderts nach früheren vergeblichen Versuchen die Verkokung mit gleichzeitiger Gewinnung der Nebenerzeugnisse allgemein ein. Das anfallende Gas diente ursprünglich nur zum Heizen der Koksöfen; der Überschuß wurde einfach verbrannt.

Kokerei und Leuchtgaserzeugung strebten in den ersten Jahren ihres Aufstiegs gänzlich verschiedenen Zielen zu, näherten sich allmählich einander in technischer Gestaltung und unterscheiden sich heute kaum noch voneinander; sie werden — von der Ofengröße abgesehen — in Zukunft ganz zu einem einheitlichen Verfahren verwachsen. Trotz mancher Widerstände erkannten die Fachkreise schließlich, daß sich die Erzeugung eines guten Kokses mit derjenigen eines gutes Gases verbinden läßt. Damit nahm die Frage nach der wirtschaftlichen Verwendung des aus den Koksöfen stammenden Gasüberschusses neue Formen an.

Solange als Leuchtgas ein Brenngas von mindestens 5000 kcal/nm³ abgegeben wurde, entstanden den Kokereien Schwierigkeiten, wenn sie sich an der Gasversorgung beteiligen wollten; denn das Koksofengas war infolge stärkeren Abtreibens der Kohle reicher an Wasserstoff und infolge der geringeren Dichtigkeit der Kammern reicher an Stickstoff, so daß es den hohen Heizwert nicht erreichte. Man mußte sich zunächst eines Kunstgriffs bedienen: Man fraktionierte das Gas. Die in den ersten Stunden der Verkokung entweichenden Gase wurden gesondert aufgefangen und an Gasverbraucher verteilt; die später entwickelten ärmeren Gase wurden zum Beheizen der Öfen verwendet.

III. Für die Verwertung des Koksofengases in der allgemeinen Gasversorgung wurde die von Koppers 1912 eingeführte Verbundofenkonstruktion von besonderer Bedeutung. Damit wurde der erste großzügige Versuch gemacht, Kohle, die nicht in Gas und Koks teilbar ist, über den Weg der Vergasung für die Städteversorgung nutzbar zu machen. Indem man Generatorgas aus solcher Kohle herstellte und zur Befeuerung der Kokereiöfen verwendete, wurde hochwertiges Kokereigas verfügbar. Vor 1914 ist dieser hochbeachtliche Vorschlag merkwürdigerweise nur wenig befolgt worden. Erst die Neuanlagen von Zentralkokereien haben dann diese Ofenkonstruktion — um 1925 beginnend — durchgehend aufgenommen. Im Gaswerksbau bedienten sich bereits 1913 die Gaswerke Kiel (Fa. Dr. Otto & Co.) und Königsberg/Pr. (Fa. Heinrich Koppers) dieser Ofenbauart.

Das für die Städteversorgung bestimmte Koksofengas wird seitdem über weite Strecken unter hohem Druck verteilt (Ferngas). Im Jahre 1913 waren etwa nur 8% des gesamten deutschen »Leuchtgases« Koksofengas, 1924 rd. 13%, heute bereits 25%! Dieser Anteil wächst in dem Maße, wie das heutige Stadtgas mehr und mehr zum industriellen Brenngas wird.

Inzwischen vollzog sich der Übergang der Gaswerke von dem früheren hohen Heizwert (5000 kcal/m³ und mehr) auf den heutigen Normheizwert (4000 bis 4300 kcal/m³). Häufig wird diese Wandlung lediglich als Folgeerscheinung der wirtschaftlichen schweren Nachkriegsjahre hingestellt. Tatsächlich ging dem folgende Entwicklung voraus:

IV. Ende der achtziger Jahre war erstmalig ein deutsches Gaswerk durch Anwendung der Coze-Ofen-(Schrägretortenofen-)Konstruktion zum mechanischen Betrieb für Kohle- und Kokstransport übergegangen. Langsam folgten andere. Da brachte die Einführung des Gasglühlichts eine bis dahin ungeahnte Entwicklung des Gasverbrauchs[10]). Statt von der kleinlich eingestellten Sorge, daß der geringe Gasverbrauch des Gasglühlichts bei mehrfacher Leuchtkraft zur starken Verringerung des Gasabsatzes führen könnte, standen die Gaswerke plötzlich vor einer ungeahnten Aufgabe, ihre Werke dem stürmischen Ansteigen der Gasverbrauchskurve anzupassen. Damals gerieten Gaswerke in die merkwürdigsten Schwierigkeiten. In aller Stille halfen sich die Werke Bremen und Hamburg — für deutsche Verhältnisse erstmalig — durch Anlage eines Hilfsgaswerkes mit Wassergasgeneratoren nach dem Verfahren von Humphreys & Glasgow. Sofort wurden Anstrengungen gemacht, für die Herstellung ölkarburierten Wassergases der Einfuhr von Karbu-

---

[10]) Vgl. Zahlentafel 3!

rieröl Zollerleichterung zu schaffen; denn anders überstiegen die Selbstkosten dieses Wassergases diejenigen des Kohlengases um 100% und mehr. In ähnlicher Lage, die noch durch besondere örtliche Verhältnisse verschärft wurde, befand sich Königsberg/Pr. mit seinem Gaswerk, das noch ganz auf Handbetrieb mit kleinen Retorten eingestellt war, keinen Bahnanschluß hatte und in nächster Nähe keinen Ausdehnungsraum fand (bei rd. 6 Mio m³ Jahresgasabgabe!). Umstellung der Gasbeleuchtung auf Elektrizität scheiterte damals noch an technischen und wirtschaftlichen Schwierigkeiten. Da machte der damalige Betriebsingenieur des Gaswerkes, sein späterer Direktor, Kobbert, den Vorschlag, für die Zwischenzeit bis zur Erbauung eines neuen Gaswerks, auf dem einzig noch vorhandenen freien Hofraum des alten Gaswerks zwei Generatoren für Erzeugung blauen Wassergases aufzustellen und das Gas dem sehr heizkräftigen Kohlengas aus englischer Kohle beizumischen[11]). Zur Sicherung etwaiger Ausfälle an Heizwert sollte eine Benzolverdampfungsanlage (nach Dr. Leybold) bereit gehalten werden.

Diese als Notbehelf gedachte Anlage [I 8 (1 a) u. (1 b) u. (1 c)] von 1898 fand damals zahlreiche Nachahmungen (Deutsche Wassergas-Beleuchtungs-Gesellschaft!). In Königsberg selbst wurde eine erweiterte und verbesserte Wassergasanlage 1903 Bestandteil des 1902 dem Betrieb übergebenen neuen Gaswerks.

Damit war die neue Epoche des »Mischgasbetriebes« für städtische Gasverteilung eingeleitet. Begünstigt wurde diese Entwicklung durch das Verschwinden der »Leuchtgasbrenner«.

Jetzt stand der Gasverteiler der einheitlichen Aufgabe gegenüber, für Licht und Wärme die günstigsten Bedingungen in den Gasgeräten zu schaffen.

Jetzt verschwand das Photometer aus seiner herrschenden Stellung im Gaswerksbetrieb, verdrängt durch das Kalorimeter! Dann kam der Krieg mit seinen vielen Nöten in Handel und Wandel, mit seinen Kohlennöten, mit seinen Erfahrungen am Bunsenbrenner, wie sie in solcher Fülle sonst kaum in Jahrzehnten gezeitigt worden wären.

Vielerorten bestanden Meinungsverschiedenheiten und Streitigkeiten um die Erfüllung veralteter Gaslieferungsverträge, besonders wegen der Gasbeschaffenheit usw. Alle diese Erfahrungen von 1898 bis 1919 zeitigten das Ergebnis:

»Gutes Gas« ist nicht sosehr Gas eines irgendwie hohen Heizwertes, sondern ein Gas, das dem Bunsenbrenner in der Zeiteinheit gleiche Wärmemengen bei gleichbleibenden Verbrennungsbedingungen sicherstellt.

---

[11]) Kleinversuche waren vom Gaswerk Charlottenburg II (Direktor Schimming) bekannt.

Aus dieser Erkenntnis folgten zwei Forderungen:

1. der Gasgeräteindustrie eine Norm zu schaffen, welche es ermöglicht, ihre Gasgeräte über ganz Deutschland brauchbar zu machen und
2. für die Erfüllung von Gaslieferungsverträgen eine den veränderten Zeitverhältnissen angepaßte Grundlage, d. i. einen festen Begriff für das Wort »Gas« zu schaffen.

Diese Forderungen waren natürlich in erster Linie bei der Gasgerätefabrikation, sodann bei den privatwirtschaftlich eingestellten Gasgesellschaften und der sonstigen Industrie für Gaswerksbedarf von größtem Interesse. Aber auch die Stadtverwaltungen hatten alle Veranlassung, die Gasbeschaffenheit dem Hader der Parteien zu entziehen!

V. Daher war man 1921 auf allen Seiten der Gasfachmännertagung in Krummhübel gleicher Meinung; daher setzte sich die

»Normung der Gasbeschaffenheit« [I 13 (2)]

als Zeitforderung ganz geräuschlos durch. Die Herabsetzung des Heizwertes wurde natürlich Gegenstand heftigster Kritik und kleinlichster Verdächtigung. Angesichts der geschilderten Erfahrungen mußte sie sich aber auch als gerechte Maßnahme erweisen und durchsetzen [I 1 u. I 7 (5 g)] (Wassergaszusatz).

Im Zeitalter des Argand-Brenners und des Schnittbrenners war man sich viel zu wenig bewußt gewesen, wie ungleichmäßig die Gaslieferung beschaffen war. Gleichmäßigkeit kann aber bei einer naturgegebenen Kurve [II 22 u. 30], wie diejenige des Heizwertes der verschiedenen Destillationsstunden der Kohlenentgasung es ist, nur durch Ausgleich von Berg und Tal der Kurve geschaffen werden. Aus diesen Überlegungen ergab sich notwendig die mittlere Linie

der Heizwertnorm 4000 bis 4300!

Dazu kam das technisch wirtschaftliche Ziel, die Konjunkturkrisen des Gaswerkskokses nach Möglichkeit auszugleichen, wozu man weitgehend den Mischgasbetrieb (Wassergasgehalt) der Gaswerke ausdehnen mußte. Weiter waren die Erfahrungen mit der im Kriege anbefohlenen, vom Gaswerk Königsberg schon 1913 freiwillig angelegten Benzolgewinnung zu verwerten. Alles in allem ergab sich die Erkenntnis, daß man die Heizwerthöhe der Gasverteilung als Spitze eines Dreibocks behandeln muß; die drei Beine, welche die Höhe konstant erhalten — durch Verlängerung oder Verkürzung des einen oder anderen — sind:

Beeinflussung des Heizwertes im Entgasungsraum [II 30 u. II 41 Taf. 13],
Wassergaszusatz und
Regelung der Benzolgewinnung.

Daß dazu die Forderungen des Prüfbrenners nach Ott-Czáko zu berücksichtigen sind, versteht sich nebenher.

Infolge der Heizwerterniedrigung erfahren zwar die Gasleitungen theoretisch für eine gegebene Energieleistung eine Vergrößerung der Lichtweite, zumal wenn auch die Dichte des heizwertärmeren Mischgases höher als bei reinem Kohlengas liegt. Andere Beimischungen als Wassergas (Generatorgas, Rauchgas u. a. m.) liefern aber für die Heizwertausgleichung brenntechnisch schlechtere Verhältnisse. Mit der Heranziehung des Wassergases ist der reine Entgasungsvorgang durch den Vergasungsvorgang erweitert worden. Die Wassergaserzeugung selbst erfolgt entweder in besonderen Wassergasgeneratoren oder im Entgasungsraum (Retorte, Kammer usw.) durch Einblasen von Dampf nach erfolgter Verkokung. Es lag nahe, den erweiterten Weg der Wassergaszumischung weiter zu verfolgen, um so mehr als die Vergasung gegenüber der Entgasung wertvolle Eigenarten aufweist: elastischer Generatorbetrieb statt starrem Ofenbetrieb; Steigerung der Gaserzeugungsleistung auf gegebenem Platz; Verminderung des Koksanfalls. Die Vergasung als Grundlage der Gaserzeugung führte schließlich zur restlosen Vergasung der Kohle im Generator (Kohlen-Wassergas). Durch Karburieren des Kohle-Wassergases mit eigenem Teer oder fremden Karburierungsmitteln läßt sich ein Brenngas von den üblichen Stadtgaseigenschaften herstellen.

VI. Ein Nachteil des üblichen Wassergasverfahrens im selbständigen Generator ist das abwechselnde »Blasen« und »Gasen«. Durch gleichzeitiges Einblasen von Dampf und Luft in das Brennstoffbett verschmelzen zwar die beiden getrennten Vorgänge zu einem einzigen, welcher kontinuierlich aufrecht erhalten werden kann; jedoch entsteht ein Gas von hohem Stickstoffgehalt und niedrigem Heizwert. In den letzten Jahren wurde daher die bereits im vorigen Jahrhundert erwähnte Vergasung mit Sauerstoff und Dampf statt Luft und Dampf wieder aufgegriffen und so weit ausgebildet, daß sie in der nächsten Zeit als neuer Gaserzeugungsweg bei der Gasversorgung wohl zu berücksichtigen sein wird [I 7 (7 c)].

Die geschilderte Vereinigung von Entgasung und Vergasung mit ihren verschiedenen Möglichkeiten wird überall dort zu einem wertvollen Betriebsmittel, wo man die Gasabgabe für Zwecke der Raumheizung[12]) betreibt. Man hat in der Literatur zuweilen die Gaswerke davor gewarnt, die Raumheizung in ihr Betätigungsgebiet aufzunehmen. Dabei wies man darauf hin, wie stark z. B. die Gasabgabe plötzlich gesteigert werden mußte, wenn die Freilufttemperatur des Versorgungsgebietes in wenigen Stunden z. B. um 10 und mehr Celsiusgrade fallen würde! Für solche seltenen Temperaturstürze die erforderliche Gasbehälterreserve

---

[12]) Vgl. 1. Kap., B I, und 4. Kap. (zu Abb. 21 u. 22) und 6. Kap., D III.

jahrelang durchzuhalten, wäre natürlich ein unwirtschaftliches Beginnen. Heinrich Koppers' Verbundofenbauart und die Verbindung von Entgasung und Vergasung haben Reserven geschaffen!

VII. Die Vergasungsreaktion gibt die Grundlage ab bei der katalytischen Herstellung von ungiftigem Stadtgas [I 7 (9b)] auf der Basis der Mischgaserzeugung (Ent- plus Vergasung). Der Wassergasvorgang wird dabei aus dem Ofen oder dem Generator in die Kohlenoxyd-Umwandlungsstufe verlegt und dadurch die Ofenanlage entlastet. Die Entgiftung hat daher auch von dieser Seite her wesentlichen Einfluß auf die Gasverteilung.

VIII. Die Heranziehung der Schwelgase (Entgasung bei niedrigen Temperaturen) [I 4 (3a)] zur Stadtgasversorgung wurde vor einigen Jahren ernstlich erwogen. Steinkohlen werden bei uns dazu nicht verarbeitet. Das Braunkohlenschwelgas ist aber infolge seines Reichtums an inerten Bestandteilen und an Schwefelwasserstoff ein recht schlechter Rohstoff für die weitere Verarbeitung auf Stadtgas [I 4 (3b)].

IX. In der Entwicklung der neuzeitlichen Energietechnik nimmt auch die sog. Kohleverflüssigung breiten Raum ein. Sie umfaßt Hydrierungsvorgänge, daneben zum Teil Spaltungsumsetzungen [I 4 (3a)]. Wie schon der Name sagt, werden dabei in erster Linie flüssige Erzeugnisse erstrebt, welche das Erdöl und seine Abkömmlinge ersetzen können. Als Rohstoffe der Verflüssigung eignen sich Steinkohlen und Braunkohlen. Auf diesem Umwege kann vielleicht die Gruppe der Gaskohlen durch die Braunkohle erweitert werden.

Im wesentlichen haben sich drei Verfahren der Kohleverflüssigung herausgebildet, welche jetzt nach langem Kleinversuchsbetriebe in technischem Maßstab geprüft werden sollen:

a) Das etwa aus dem Jahre 1912 stammende Bergius-Verfahren schließt die Kohle durch unmittelbare Behandlung mit Wasserstoff bei etwa 480° unter 150 bis 200 at auf. Neben den Ölen entstehen aus einer Tonne trockene Rohkohle rd. 400 m³ Gas, hauptsächlich Kohlenwasserstoffe, vermischt mit Wasserstoff, der in die Umsetzung nicht eingegriffen hat. Mehr als die Hälfte dieser Gase wird durch katalytische Behandlung mit Wasserdampf auf Hydrierwasserstoff aufgearbeitet, der wieder in den Prozeß eintritt; den Rest kann man zum Beheizen in der Verflüssigungsanlage verwenden.

b) Das zweite, von der I. G. Farbenindustrie stammende Verfahren fußt auf den grundlegenden Arbeiten von Bergius trotz selbständiger Entwicklung und Ausarbeitung.

c) Das dritte Verfahren der mittelbaren Kohleverflüssigung ist dasjenige nach Fischer und Tropsch [I 4 (2b u. c)]. Diese beiden

Forscher stellen Kohlenwasserstoffe und zwar vorzugsweise solche
der Paraffinreihe in allen gewünschten Siedegrenzen her, vom
Methan bis zu den hochmolekularen festen Körpern dieser
Gruppe. Sie gehen nicht unmittelbar von der Kohle aus, sondern erhalten ihre Erzeugnisse durch katalytische Behandlung
von weitgehend gereinigten Wasserstoff-Kohlenoxyd-Gemischen
(also Gasen) unter gewöhnlichem Druck bei verhältnismäßig
niedrigen Temperaturen. (Ungefähr 200 bis 300⁰.) Je 1 m³
eines Wassergases, in welchem das Verhältnis von Wasserstoff
zu Kohlenoxyd etwa 2:1 sein muß, werden rd. 100 g abscheid-
bare Kohlenwasserstoffe gewonnen [I 4 (3 a)].

X. Die Fortschritte in den gaskatalytischen Arbeiten haben auch
der Methansynthese aus Kohlenoxyd und Wasserstoff nach Sabatier
neue Bedeutung verliehen. Diese Synthese rückt heute wieder in den
Vordergrund der Betrachtungen, weil sie — praktisch durchführbar —
die Möglichkeit bietet, aus Wassergas und verwandten heizwertarmen
Gasen zu einem normalen Stadtgas, ja außerdem sogar zu einem ungif-
tigen Normalgas zu gelangen.

B. Die Verwertung der Restgase aus der Ölgewinnung mittels Kohle.

I. Die vorangegangenen Ausführungen haben bereits gezeigt, daß
sowohl die Kohle selbst als auch die mittelbar oder unmittelbar aus
ihr gewonnenen Brenngase für zahlreiche Erzeugnisse wichtige Rohstoffe sind oder sein können. Die Kohle ist ja bereits als Ausgangs-
punkt der Stadtgaserzeugung zu einem Energierohstoff geworden. Die
unmittelbare Entgasung (Verkokung) liefert uns aber als ihre wichtigsten Erzeugnisse neben dem Gas auch Koks und Teer, letzterem auch
Benzol zugerechnet. Wie gewaltig der Koksbedarf allein sich auf die
praktische Anwendung des Verkokungsvorganges und damit auch den
Kohlenverbrauch auswirkt, zeigen die 9 Mia m³ verfügbares Kokereigas, welche Gasmengen ihrerseits wieder die Gasverteilung beeinflussen.
Kohle ist auch der Rohstoff für flüssige Brennstoffe. Durch die gesteigerten Anforderungen flüssiger Brennstoffe und durch das Bestreben
nach Erhöhung der Ausbeute flüssiger Brennstoffe aus der Kohle wird
auch die Gasverteilung vor neue Fragen gestellt.

Ein Beispiel sei herausgegriffen: Das heutige Stadtgas enthält je
m³ etwa 20 g Benzol-Kohlenwasserstoffe. Um die heimischen Treib-
stoffmengen zu erhöhen, fehlt es nicht an Forderungen, auch diese flüssigen Brennstoffe, welche bis jetzt mit dem Gas verbrannt wurden, für
sich abzuscheiden. Um die jetzigen Brenneigenschaften des Stadtgases
zu erhalten, müßte dann aber der Wassergaszusatz vermindert werden;

dadurch vermindert sich ebenfalls die Stadtgasausbeute je Tonne Kohle, während der Koksanfall steigt. Zur Erzeugung der gleichen Gasmengen wie bisher müßten daher entsprechend größere Kohlenmengen durchgesetzt werden.

So greifen mehrere Probleme ineinander, eines das andere beeinflussend, jedes einzelne nur unter der Berücksichtigung der übrigen zu lösen.

Zur Vermeidung unwirtschaftlicher Vergrößerung der Kohlenförderung, zur Vermeidung der Erhaltung sich ewig wiederholender Kokskrisen u. a. m. werden wir daher auf die Nutzung der Rest- oder Abfallgasmengen aus der Ölgewinnung verwiesen.

Daher ist es für die »Heutige Gasverteilung« wichtig, von diesem Standpunkt aus nochmals die drei Kohleverflüssigungsverfahren zu betrachten; die heizkräftigen Restgase der Kohleverflüssigung könnte man zur öffentlichen Gasversorgung heranziehen und zur Beheizung der Ölgewinnung minderwertige Gase benutzen.

a) Aus dem Verfahren zu A, IXa) ergibt sich eine Menge von rund 200 m³/t Kohle. Beachtenswert ist, daß dieses Gas kohlenoxydfrei wäre. Die durch Hydrierung zu ersetzende Ölmenge beträgt rd. 1 Mio t jährlich, je 1 t Öl sind nach Bergius 3 t Kohle nötig. Dies entspräche einer jährlichen Gasmenge von 600 Mio m³, vorausgesetzt, daß der gesamte zusätzliche Ölbedarf nach Bergius gedeckt würde. Diese Gasmenge spielt im Rahmen der deutschen Gaserzeugung keine wesentliche Rolle, wenn man sich die bereits verfügbaren Miam³ der Kokereien vor Augen hält.

b) Beim I. G. Farben-Industrie-Verfahren läßt sich ein größerer Gasanfall vermeiden. Nach Mitteilungen von Mittasch und Krauch kann man die Hydrierung bei diesem Verfahren in jede gewünschte Richtung lenken.

c) Die Restgase des dritten Verfahrens nach A IXc) bestehen im wesentlichen aus Wasserstoff, Kohlenoxyd und gasförmigen Kohlenwasserstoffen der Methanreihe. Wie sich aus den Massenverhältnissen leicht ableiten läßt, entsprechen hier die Restgase theoretisch etwa $\frac{1}{3}$ m³ Stadtgas je m³ des ursprünglichen Synthesegemisches. Diese Gase könnten für eine Großstadtbelieferung ernstlich in Betracht kommen, um so mehr als die bei diesem Verfahren anfallenden Öle von großer Reinheit sind. Dieser Prozeß erscheint somit schon vom Standpunkt der Ölgewinnung aus besonders aussichtsreich. Ein gewisser Nachteil liegt in der zur Schonung der Katalysatoren erforderlichen weitgehenden Reinigung des Ausgangsgases.

II. In dem Maße, wie ein bestimmtes Verfahren der Brennstofftechnik, das zunächst nicht der Gaserzeugung wegen angewandt wird,

Gasmengen liefert, welche in wirtschaftlicher Weise ausgenutzt werden müssen, entstehen Fragen nach der Unterbringung dieser Gasmengen. Da vielfach — 9 Mia m³ Kokereigas jährlich! — diese Gasmengen nicht ganz zur Brenngasversorgung herangezogen werden können, müßten neue Verwendungsmöglichkeiten gesucht werden. Das Überschußgas wird zu einem wichtigen chemischen Rohstoff. Als Beispiele derartiger Anwendungsmöglichkeiten seien hier erwähnt:

> die Zerlegung von Kohlengas durch stufenweises Verflüssigen nach Linde-Bronn-Concordia;
>
> die Herstellung von Wasserstoff nach dem Verfahren der Gesellschaft für Kohletechnik in Dortmund-Eving;
>
> die Erdölsynthese nach Fischer-Tropsch;
>
> die Verwendung von Gas als Motortreibstoff;
>
> die Flaschengasindustrie u. a. m.

III. Zusammenfassend ergeben sich folgende wichtige Sätze:

1. Im Sinne einer erfolgreichen Volkswirtschaft (Arbeitsbeschaffung und Wettbewerb am Außenmarkt!), zur Erhaltung des Wirtschaftsraums und seiner Verteidigung, besteht die Aufgabe, die deutsche Kohlewirtschaft so zu lenken, daß Kohle ausschließlich Rohstoff wird und nur gewisse Abfallprodukte der Kohleaufbereitung »Brennstoff« bleiben.

2. Die Verarbeitung des Rohstoffs »Kohle« steht im Zeichen weitgehender Ölgewinnung. Bei dieser Erzeugung können die Ergebnisse der Kohlenentgasung (Teer, Koks, Gas) Rohstoff sein, aber es können auch Gase als Abfallstoffe dieser Gewinnung von Öl u. a. m. verbleiben.

3. Die allgemeine Gasversorgung hat der nationalwirtschaftlichen Forderung Rechnung zu tragen, daß die Gasmengen aus der chemischen Industrie der Kohle (vgl. Ziff. 2) als genormtes Stadtgas Verwertung finden. Dann erst folgt die Gaserzeugung als Selbstzweck [I 6 (2)] u. [I 5 (2)].

3. Kapitel

Zwischen Gaserzeugung und Gasverteilung.

In den vorangegangenen beiden Kapiteln betrachteten wir neuzeitliche Gasverteilung auf dem Hintergrunde der gesamten Energiewirtschaft mit ihrer vielartigen Technik; wir sahen sie als Verarbeitung des Rohstoffs »Kohle« mit dem Nebenerzeugnis »Gas«. Dann war uns aber Gas wiederum auch »Rohstoff«. Diese Gruppe von Verfahren hinterläßt ein »Restgas«, dessen Verwertung vornehmlich in der Erzeugung künstlicher Energie in Gestalt von Wärme liegt.

Für zeitgemäße Gasverteilung im Sinne der Energieversorgung ganzer Bevölkerungsgruppen wird trotz der verschiedenen Erzeugungsverfahren der Einheitsbegriff »Gas« durch die Gasnormung im Sinne von Stadtgas gewonnen. Wir sahen in Kapitel 1 und 2 den Einfluß dieser Normung auf die Gasverteilung. Die Einzelheiten der Technik dieses Einflusses werden in den Kapiteln 4 bis 6 behandelt werden. Jedenfalls wurden wir uns darüber klar, daß eine ganze Reihe von Erfordernissen der »Gasnormung« erfüllt sein müssen, wenn man im Sinne der Gasverbraucher von »gutem Gas« sprechen will. Diese Erfordernisse sind einmal »chemischer«, sodann »physikalischer« Art. Die erste Gruppe muß erfüllt sein, wenn das Gas als »Normalgas« gemessen wird und dem Gasverteilungsnetz übergeben werden soll.

Es liegt im Wesen »der heutigen Gasverteilung« mit ihren großen Versorgungsräumen der Wirtschaft, daß der Eintritt des Normalgases in das Verteilungsnetz und der Ausgang der Erzeugungsapparatur nicht immer beieinander liegen. Selbst die Gasspeicherung wird vielfach unterteilt und in verschiedene Bezirke verlegt. Wenn zwischen Gasspeicherung (mit der Gasmessung) und der Hauptverteilungsstelle (Gasbehälterstation, Verbrauchszähler einer Gemeinde u. dgl. m.) größere Entfernungen liegen, oder wenn der natürliche Druck der üblichen offenen Gasbehälter nicht ausreicht, bedient man sich besonderer Gasförderanlagen mit Gebläsen oder Verdichtern nebst Zubehör.

Diesen Sonderanlagen zwischen Gaserzeugung und Gasverteilung sind die nächsten vier Abschnitte A, B, C und D unseres Kapitels 3 gewidmet.

A. Gasspeicherung.

Von allen Gaserzeugungsverfahren wird die Forderung nach möglichst gleichmäßiger Belastung gestellt, so verschieden auch die Wege sind, um zu einem normgerechten Gas für die Verteilung zu kommen. Hier besteht ein Gegensatz. Die Forderung der Gasverteilung ist zu jeder Tageszeit und Stunde verschieden. Kaum ein Tag gleicht dem andern; Stunden höchster Belastung aller Organe der Gasverteilung folgen unmittelbar den Ruhepausen, in denen kaum irgendeine Leistung von Rohrnetz und Reglern verlangt wird.

Um nun die Forderung der Gaserzeugung mit den Erfordernissen der Gasverteilung in Einklang zu bringen, oder doch wenigstens die gröbsten Belastungsspitzen der Gasabgabe abzufangen, schaltet man zwischen Gaserzeugung und Gasverteilung den Gasbehälter.

Die Größe des notwendigen Speicherraumes läßt sich nicht ein für alle Male festlegen. Die üblichen Handbücher für Gaswerksbau nennen einen »notwendigen Speicherraum« von mindestens 50%, besser 60 bis 70% des höchsten Tagesverbrauchs [II 30 u. 32]. Diese Größe richtet sich aber nicht nur nach der Höhe der Verteilungsleistung, den stündlichen und täglichen Schwankungen der Gasabgabe, sondern ist auch in hohem Maße von der Art des Gaserzeugungsverfahrens abhängig. Ein Generatorbetrieb z. B. ist elastischer als ein Ofenbetrieb; infolgedessen wird er mit kleinerem Behälterraum auskommen. Ein Werk mit großem Eigenverbrauch (z. B. für Ofenunterfeuerung) kann diesen vielleicht zur Zeit der höchsten Anforderung der Gasverteilung einschränken und auf diese Weise Belastungsspitzen für die Kurve stündlicher Gaserzeugung unwirksam machen!

Hierbei sei z. B. an die wahlweise Beheizung der Koksöfen mit Starkgas oder Schwachgas gedacht. Kurz, die Größe des notwendigen Behälters ist für jeden Fall sorgsam zu ermitteln. Unsere Arbeit muß sich darauf beschränken, den Einfluß der verschiedenen Behälterkonstruktionen auf die Gasverteilung zu untersuchen.

Unter den bisher gebräuchlichen Gasbehältern unterscheidet man zwei Arten:

Gasbehälter, die mit gleichbleibendem Druck und Veränderung des Volumens arbeiten und

Gasbehälter, die ein stets gleiches Volumen und veränderlichen Druck aufweisen.

Die meisten Behälter arbeiten mit Volumenveränderung. Hierbei unterscheidet man wiederum: die nasse und die trockene Bauart.

I. Bei den nassen Behältern dient Wasser zur Abdichtung der beweglichen Behälterteile gegen die feststehenden. Während man früher die Behälter mit einem Haus umbaute, nimmt man heute davon Abstand.

3*

Denn wenn auch das umbaute Wasserbecken wenig Heizung braucht, die Glocke von Wind- und Schneedruck nicht beeinflußt wird, so bedeutet doch der zwischen Behälter und Ummauerung befindliche Luftraum eine erhöhte Explosionsgefahr. Hier kann sich bei irgendwelchen Gasausströmungen ein explosibles Gasluftgemisch bilden. Außerdem ist die Herstellung des umbauten Behälters erheblich teurer als die des freistehenden.

Der Wasserraum der Behälter kann aus Beton, Mauerwerk oder Eisen bestehen. Die Glocken werden stets aus Eisen hergestellt. Behälter mit größerem Inhalt werden mit mehrteiligen Glocken ausgeführt, die sich fernrohrartig aus- und ineinanderschieben. Die einzelnen Hubteile greifen mit ihren hakenartigen Rändern ineinander und schöpfen selbsttätig das Absperrwasser aus dem Becken (s. Abb. 1).

Der Gasdruck in einem solchen Behälter wird durch das Gewicht der Glocken bestimmt, die vom Gas getragen werden und von der Größe der Fläche, auf die sich das Gewicht verteilt. Da bei mehrhübigen Behältern in leerem Zustande alle Ringe und Glocken auf dem Boden des Wasserbeckens aufsitzen und mit zunehmender Füllung erst ein Ring nach dem anderen sich an den vorherigen anhängt, das auf dem Gas ruhende Gewicht also verschieden ist, so herrschen je nach der Füllung verschiedene Drücke in einem solchen Behälter.

Der Gasdruck beträgt

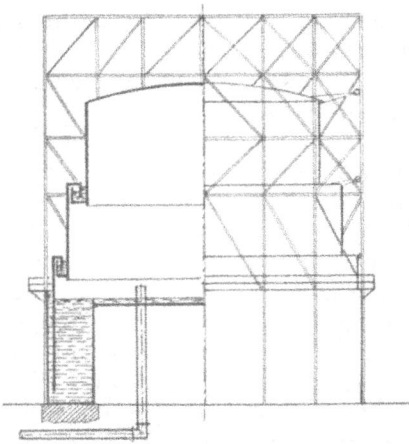

Abb. 1. Nasser Gasbehälter.

bei einhübigen Behältern etwa .	70 bis 75 mm WS	
» zweihübigen » » .	130 » 150 »	»
» dreihübigen » » .	180 » 210 »	»
» vierhübigen » » .	260 » 300 »	»

Der Druck kann also Schwankungen zwischen 70 und 300 mm WS unterliegen. Diese Druckschwankungen treten dazu plötzlich in dem Augenblick auf, in dem ein Ring vom Boden gehoben wird oder aufsitzt.

Bei Niederdrucknetzen steht immer nur der vom Behälter erzeugte Druck für das Netz zur Verfügung. Es ergibt sich also die Schwierigkeit, daß zu den Zeiten, in denen infolge großen Verbrauches ein hoher Druck ins Rohrnetz gegeben werden soll, der Behälter immer stark gefüllt sein muß, um den höheren Druck zu erzeugen. Der wirklich vorhandene Behälterraum kann also zur Zeit der höchsten Belastung nicht voll ausgenutzt werden.

Um einen zu geringen Druck bei tiefem Stand der Behälterglocken auszugleichen, kann man natürlich die letzte Glocke beschweren, hat dann jedoch besondere Maßnahmen für die Stabilisierung nötig und im Betrieb des Werkes immer einen hohen Gegendruck zu überwinden.

Ein Nachteil der nassen Gasbehälter ist es ferner, daß das Gas ständig mit einer großen Wasseroberfläche in Berührung steht, also wohl immer im Behälter mit Feuchtigkeit gesättigt ist. Ist das Gas wärmer als das Erdreich, in dem die Rohrleitungen liegen — und das wird ja infolge der Heizung des Wasserbeckens im Winter ständig der Fall sein —, so setzt sich Kondenswasser aus dem mit Wasserdampf gesättigten Gas an den Rohrwandungen ab. Das erhöht die Korrosionsgefahr der Rohre, die Ausscheidungsmöglichkeit für Naphthalin und erfordert außerdem einen größeren Aufwand für die Entleerung der Wassertöpfe in der Leitung.

II. Die trockene Gasbehälterbauart hat die eben geschilderten Nachteile nicht. Hier bewegt sich eine Scheibe in einem zylindrischen Mantel auf und ab und kann so einen größeren oder kleineren Gasinhalt abschließen (Abb. 2). Das Gewicht und der Durchmesser der Scheibe ändert sich nicht, so daß immer ein gleichbleibender Gasdruck herrscht, ganz gleich ob der Behälter sich an der Grenze des leeren oder des vollen Zustandes befindet.

Ein weiterer Vorteil des trockenen Behälters ist es, daß er nur wenig Heizung braucht. Während bei einem nassen Behälter das Wasserbecken und die Tassen der einzelnen Glocken bei Frostgefahr beheizt werden müssen, ist bei einem trockenen Behälter nur die Heizung der kleinen umlaufenden Flüssigkeitsmengen nötig, wenn besonders starker Frost den Teer oder das Öl, das die Dichtung bewirkt, erstarren läßt.

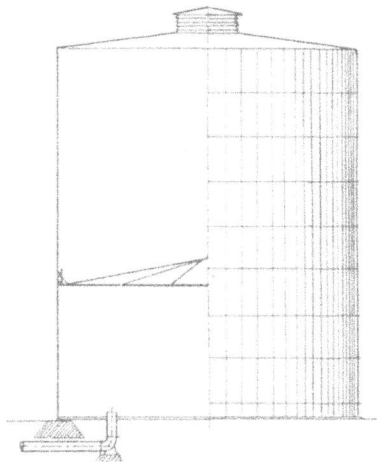

Abb. 2. Trockener Gasbehälter.

Die neueste Bauart des trockenen Behälters verwendet ein dünnflüssiges Öl, das lediglich dazu dient, ein paar Lederwülste geschmeidig zu halten, welche gegen die Behälterwand gepreßt werden. Im Betrieb hat sich ergeben, daß bei stärkstem Frost, bei dem das Öl schon eine Temperatur von ca. —19° angenommen hatte, noch eine einwandfreie Abdichtung der Scheibe gegen die feststehende Behälterwand stattfand.

Im trockenen Behälter hat das Gas auch keine Gelegenheit, Wasser aufzunehmen. Im Gegenteil, bei größerer Kälte wird das Gas im kalten Behälterraum Wasserdämpfe niederschlagen und trockener in die Rohrleitungen gelangen.

Leider hat der trockene Behälter bei seinen vielen Vorzügen einen großen Mangel: oberhalb der Scheibe befindet sich ein Luftraum in dem Zylinder, der zum Schutz gegen Wettereinflüsse abgeschlossen ist. Dieser Luftraum kann sich beim Versagen der Scheibenabdichtung mit einem Gasluftgemisch füllen, das zu Explosionen führen kann (z. B. infolge Funkenbildung beim Absturz der Behälterscheibe). Daß die im Dache des Behälters angebrachten Entlüftungsöffnungen nicht genügen, haben Beobachtungen an Explosionen (z. B. in Posen und Neunkirchen) bewiesen.

III. Als jüngste Bauart der Gasspeicher muß man die Behälter erwähnen, welche bei gleichbleibendem Gasinhalt und veränderlichem Druck arbeiten. Sie sind im Auslande (Schweiz und Amerika) schon während des Krieges mehrfach angewandt und erfreuen sich jetzt auch bei uns steigender Beliebtheit. Ihr Verwendungsgebiet ist vorläufig nur die Speicherung verhältnismäßig kleiner Gasmengen, denn bei hohen Drücken von mehreren Atmosphären werden die Materialstärken der Wände bei größeren Ausführungen außerordentlich groß und teuer. Bei kleinen und mittleren Speicheranlagen haben diese Behälter verschiedene Vorzüge, die sie vielleicht in späterer Zukunft auch für größere Abmessungen geeignet sein lassen. Für uns ist besonders interessant, daß die Hochdruckgasbehälter auch den Betrieb eines Rohrnetzes günstig beeinflussen können und die Frage ihrer Wirtschaftlichkeit oft nur zusammen mit den Fragen des Rohrnetzes beantwortet werden darf. Die Hauptvorteile der Druckspeicher sind:

Geringe Fundamentkosten, auch bei schlechtem Baugrund, Unterteilung in beliebig viele Einheiten, so daß je nach Erweiterung des Gasabsatzes Einheiten dazu gebaut werden können, Fortfall aller Heizungs- und vieler Unterhaltungskosten anderer Behälterbauarten. Betriebskosten entstehen nur durch die zur Herstellung des Gasdruckes notwendigen Verdichter. Auch diese Kosten können sehr klein werden, wenn für die Hochdruckleitungen ohnehin eine Verdichteranlage vorhanden sein muß[13]).

Das Gas, das einem Druckbehälter entnommen wird, wird fast immer vollkommen trocken sein und kaum irgendwelche Verunreinigungen in den Leitungen absetzen; denn da es sich in den Rohrleitungen entspannt und sein Volumen vergrößert; wird es eher Feuchtigkeit aufnehmen als abgeben, auch wenn die Temperatur des Behälters höher ist als die der Leitungen.

---

[13]) Oder wenn der Gaserzeuger mit Hochdruck betrieben wird [vgl. 2. Kap. A VI u. IX a sowie 2. Kap. B].

Da zum Betrieb eines Druckbehälters immer eine Verdichteranlage gehört, so ist es verhältnismäßig leicht und mit nur geringen Kosten verbunden, das Gas vor Eintritt in den Behälter unter Druck auf eine Temperatur abzukühlen, die alle solche gasförmigen Stoffe zum Kondensieren bringt, welche sich sonst bei den im Erdreich herrschenden Temperaturen in den Rohrleitungen absetzen würden. Für kleinere Einheiten besteht sogar die Möglichkeit, die Kühlanlage direkt in den Behälter einzubauen und so an Anlagekosten zu sparen.

Zur Aufladung des Speichers ist nun immer eine Kompressorenanlage erforderlich, welche die Anlagekosten verteuert, wenn Verdichter nicht ohnehin für den Betrieb des Rohrnetzes beschafft werden müssen. Man wird also überall dort den Druckspeicher anwenden können, wo eine mechanische Erhöhung des Rohrnetzdruckes erforderlich ist. Die Bedienungskosten sind außerordentlich gering, da es bereits gelungen ist, mit vollautomatischen Anlagen, die in großer Entfernung vom Gaswerk aufgestellt sind, jahrelang ohne Bedienung zu arbeiten.

IV. Der Aufstellungsort des Gasbehälters braucht nun nicht immer die Stelle der Gaserzeugung zu sein. Häufig findet der Behälter am Ende der Fernleitung und Beginn des Verteilungsnetzes seinen Platz und hält dann die Spitzen der Verteilung von der Zuleitung fern. Diese Leitung kann dann kleiner gehalten werden, da sie nur für die durchschnittliche Belastung berechnet zu werden braucht. Die für die Fernleitung etwa erforderliche Verdichteranlage wird ebenfalls kleiner und läuft mit gleichmäßiger Belastung. Füllung und Gasabgabe aus dem Speicher geschieht über Gasdruckregler.

Der Behälter kann aber auch an einer geeigneten Stelle des Verteilungsnetzes aufgestellt werden und dann wesentlich zur Verbesserung des Druckes im Verteilungsnetz beitragen, z. B. wenn ein vom Gaswerk entfernt aufgestellter Behälter in das gleiche Niederdrucknetz speist. Die Füllung des Behälters wird entweder durch eine besondere Leitung vom Gaswerk vorgenommen oder kann in der Weise vor sich gehen, daß ein Gebläse oder Gasverdichter zu Zeiten geringen Verbrauches aus dem Verteilungsnetz Gas entnimmt und in den Behälter drückt, während in den Zeiten größerer Abgabe der Behälter Gas in das Verteilungsnetz abgibt. Eine solche Anlage kann auch vollkommen selbständig eingerichtet werden. Ansteigender Druck im Verteilungsnetz betätigt die Einschaltung des Füllungsverdichters. Fällt der Druck unter ein bestimmtes Maß, so läßt ein Regler Gas ins Verteilungsnetz abströmen. Solche Gasbehälteranlagen können natürlich in größerer Zahl im Netz an verschiedenen Punkten errichtet werden. Sie sind imstande, die Leistungsfähigkeit des Netzes außerordentlich zu steigern und werden vielleicht in Zukunft mit Rücksicht auf den Schutz gegen Luftangriffe besondere Bedeutung erlangen. Hochdruckspeicher sind hierfür besonders geeignet, da sie wenig Platz und keine teuren Fundamente beanspruchen, keine beweglichen Teile am Behälter selbst vorhanden sind und Heizung nicht erforderlich ist.

B. Gasmessung.

I. Die Messung des Gases gehört zum ordnungsmäßigen Betrieb der Gasverteilung. Je mehr gemessen wird, desto eher lassen sich Fehler rechtzeitig erkennen und abstellen. Es wäre gut, wenn man nicht nur die erzeugte oder vom Lieferwerk bezogene Gasmenge messen würde, sondern auch an möglichst vielen Stellen im Verteilungsnetz die Gasabgabe an die einzelnen Bezirke. Vom Standpunkt der Gasverteilung interessiert uns hierbei mehr die stündliche oder noch kurzfristigere Gasabgabe, als etwa die monatliche, wie sie durch die Zählerablesungen bei den Verbrauchern festgestellt wird.

Im Gaswerk wird allgemein nicht die in das Verteilungsnetz abgegebene Gasmenge, sondern die von der Erzeugung kommende Menge vor Eintritt in den Gasspeicher gemessen. Diese Anordnung wird getroffen, um die Belastungsspitzen der Abgabe vom Gasmesser fernzuhalten und mit kleineren Messern auszukommen. Die Gasabgabe ins Rohrnetz stellt man durch die Messung der Erzeugung und Differenz der Gasbehälterstände fest.

Da die früher bekannten Gasmesser sehr viel Raum beanspruchten und ihre Größe direkt von der zu messenden größten Gasmenge abhing, war die Anordnung des Messers vor dem Speicher gegeben. Die Messung der Gasabgabe aus der Differenz der Erzeugung und des Behälterstandes muß tunlichst oft vorgenommen werden. Selbst eine stundenweise Ablesung kann uns darüber hinwegtäuschen, daß innerhalb des Bruchteils einer Stunde eine größere Belastungsspitze in der Gasabgabe aufgetreten ist, als der Messung in einer Stunde entspricht; z. B. kann die Gasabgabe einer Stunde zu 11000 m³ gemessen sein. Davon entfielen aber vielleicht auf 20 min 5000 m³. Die Belastung des Rohrnetzes war also, auf die Stunde berechnet, tatsächlich $\frac{60}{20} \cdot 5000$ = 15000 m³ und nicht nur 11000 m³.

Die in Abb. 14 Kapitel 4 gezeigten Schaubilder der höchsten Stundenabgabe eines Gaswerkes zeigen, daß die ganze Belastungsspitze in die Zeit zwischen 11 und 12 Uhr fällt und lassen eine noch höhere kurzzeitige Spitze innerhalb eines Bruchteils dieser Zeitspanne vermuten.

Die Messung durch den Behälterstand birgt auch noch andere Fehler in sich. Das von der Erzeugung kommende Gas durchströmt den Messer vor dem Gasbehälter mit fast gleichbleibender Temperatur von z. B. $+20^{\circ}$. (Innenraum.) Im Behälter ist es dagegen Temperaturen ausgesetzt, die um 20° bis 30° höher oder tiefer liegen können.

(Sonnenbestrahlung im Sommer, Abkühlung im Winter.) Besonders groß sind die Temperaturunterschiede bei freistehenden trockenen Behältern.

Da eine Temperaturänderung um 2,73⁰ einen Meßfehler von 1% verursacht, kann man sich die entstehenden Fehlmessungen vorstellen. Es kann sogar der Fall eintreten, daß — z. B. in den Morgenstunden eines heißen Sommertages mit kleiner Gasabgabe — die Volumenzunahme im Behälter durch die Erwärmung größer wird als die Abgabe, also scheinbar eine Gaslieferung aus dem Rohrnetz stattfindet!

Für die Überwachung des Verteilungsnetzes ist daher der Gasmesser am günstigsten, welcher die augenblicklich ins Rohrnetz strömende Menge jederzeit anzeigt und womöglich aufzeichnet. Heute gibt es schon solche Gasmesser. Ihre Größe und ihr Anschaffungspreis wachsen nicht mehr in so starkem Maße mit dem maximalen Durchgang wie bei früheren nassen Gasmessern. Daher sollte man auf die direkte Messung und Aufzeichnung der ins Rohrnetz abgegebenen Gasmenge hinarbeiten.

Gehen mehrere Leitungen vom Gaswerk aus, die in verschiedene Rohrnetzbezirke führen, so sollte man sich nicht mit der Ermittelung der Gesamtmenge begnügen, sondern die durch jede Leitung strömende Gasmenge einzeln ermitteln. Die Belastungen und Zeiten der Belastungsspitzen können in jedem Rohrnetzbezirk je nach Art der versorgten Abnehmer ganz verschieden sein, wie in Kapitel 4 noch näher ausgeführt werden wird.

Führt eine Speiseleitung zu mehreren Bezirksreglern, so ist es am vorteilhaftesten, auch die Belastung der einzelnen Regler und daran angeschlossenen Rohrnetze festzustellen, also auch hier die durchströmenden Gasmengen zu ermitteln.

Hierzu sind jedoch die nassen Trommelgasmesser, die bis vor kurzem allein für Messung größerer Gasmengen gebraucht wurden, wenig geeignet. Wir müssen uns daher an dieser Stelle etwas mit den neueren Methoden der Gasmessung beschäftigen.

Man unterscheidet grundsätzlich zwei Arten von Gasmessern: Volumenmesser und Strömungsmesser. Bei letzteren wird das Gasvolumen nicht direkt in begrenzten Hohlräumen gemessen, sondern aus der Strömung indirekt festgestellt. Bei den Volumenmessern unterscheidet man ferner »nasse« und »trockene« Messer.

II. Ein nasser Volumenmesser war der erste brauchbare Gasmesser. Er wurde 1815 einem Engländer Clegg patentiert. Schon 1819 wurde er von Malam wesentlich verbessert. Malam baute bereits einen Messer, der 1200 m³/h Gasdurchgang hatte [I 12].

Crosley erwarb dann die Patente Malams und entwickelte das eigentliche Meßorgan »die Crosley-Trommel« [II 31] zu einer solchen

Vollkommenheit, daß sie heute noch in kaum geänderter Form in den nassen Gasmessern zu finden ist. Das Prinzip eines solchen Messers ist in der Abb. 3 dargestellt. Die Meßtrommel dreht sich in dem über die Hälfte mit Wasser angefüllten Gehäuse. Der Wasserspiegel dient zur Steuerung der Ein- und Ausgangsschlitze, daher darf die Trommel nur eine geringe Umdrehungszahl haben, damit die Wasseroberfläche eben bleibt. Um größere Gasmengen zu messen, muß die Trommel vergrößert werden. Überlastungen sind nicht angängig. Einen Anhalt über Größe und Gewichte der nassen Trommelgasmesser gibt die Zahlentafel 1. Daraus geht hervor, daß solche Messer nur da angewandt werden können, wo genügend Platz in einem beheizten Raum zur Verfügung steht. Das wird höchstens im Gaswerk, selten bei Bezirksreglern der Fall sein.

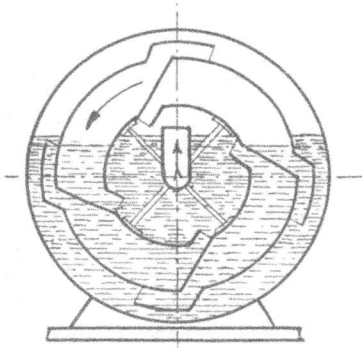

Abb. 3. Nasser Trommelgasmesser (Schema).

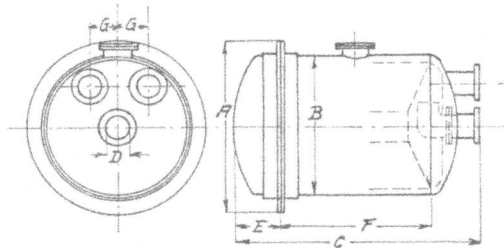

Zahlentafel 1.

Schnellaufende Trommelmesser für höhere Gasdrücke.

m³/h	A	B	C	D	E	F	G
60	1060	950	1080	80	1000		230
80	1060	950	1190	80	1160		230
100	1170	1060	1280	100	1300		235
200	1460	1385	1525	125	235	1400	275
250	1620	1485	1580	150	280	1460	335
300	1770	1615	1720	175	295	1120	370
600	2180	1950	2110	200	305	1580	450
1000	2380	2220	2630	200	325	1950	450
1500	2780	2620	3750	300	385	2450	675
2000	3080	2920	3850	400	400	3000	675
2500	3080	2920	4230	400	400	3350	700
3000	3380	3220	4480	400	420	3650	700

Will man durch einen solchen Messer auch den jeweiligen Gasdurchgang aufzeichnen lassen, so kann das durch eine einfache Zusatzeinrichtung geschehen. Über einem durch ein Uhrwerk vorbeigeführten Papierstreifen gleitet ein Schreibstift, der durch einen kleinen Exzenter mit der Trommelwelle des Messers verbunden ist. Bei Umdrehung der Trommel zeichnet der Stift eine hin- und hergehende Linie auf dem Papierstreifen. Der Abstand der einzelnen Spitzen voneinander gibt ein Maß für die Umlaufgeschwindigkeit der Trommel und damit die Größe des Gasdurchganges. Zweckmäßig läßt man auf einen solchen Streifen auch Gasdruck und Temperatur aufzeichnen, um die gemessene Gasmenge jederzeit auf den Normalzustand umrechnen zu können (Abb. 4).

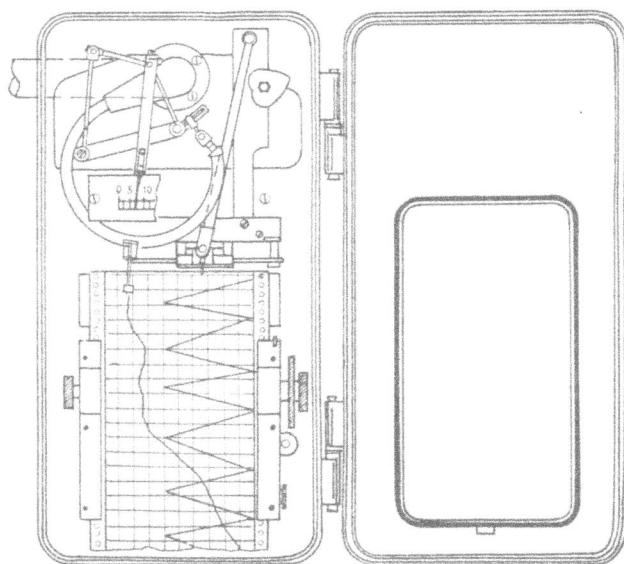

Abb. 4. Druck- und Mengenschreiber für Trommelgasmesser.

III. Die trockenen Volumenmesser, bei denen eine hin- und hergehende Ledermembrane die Meßräume bildet, können nur bis zu einer Eichleistung von 450 m³/h hergestellt werden, da der Geschwindigkeit der hin- und hergehenden Membrane durch die Massenträgheit Grenzen gesetzt sind. Bei größeren Abmessungen läßt auch die Haltbarkeit des Leders nach. Trockene Membrangasmesser kommen daher nur für die Messung der Gasabgabe kleiner Bezirksregler in Frage. Ihr eigentliches Anwendungsgebiet ist die Messung der Gasmengen bei den Verbrauchern.

IV. Erst seit wenigen Jahren gibt es ein für die Messung größerer Gasmengen geeignetes Gerät, den Drehkolbengasmesser.

Er ist die umgekehrte Anwendung des schon lange im Gasfach zur Gasförderung benutzten sog. Kolbengebläses; nur treibt beim Kolbenmesser nicht die Maschine den Gasstrom, sondern umgekehrt der Gasstrom setzt die Maschine in Bewegung. Die beiden Kolben, die sich aufeinander abwälzen (s. Abb. 9 in Abschnitt D dieses Kapitels) sind durch sehr genau hergestellte Zahnräder miteinander verbunden. Ihre Umdrehung, die jedesmal ein ganz bestimmtes Gasvolumen hindurchschleust, wird auf ein Zählwerk übertragen, das durch geeignete Übersetzung die hindurchgegangene Gasmenge in m^3 anzeigt. Wünscht man auch eine Anzeige oder Aufzeichnung des augenblicklichen Gasdurchganges in m^3/h, so kann man ein dem Geschwindigkeitsmesser des Automobils ähnliches Instrument verwenden, das mit der Kolbenwelle verbunden wird und nach deren Umdrehungszahl den augenblicklichen Gasdurchgang je Zeiteinheit anzeigt. Von derselben Welle kann man auch einen Registrierstreifen antreiben lassen, auf dem Druck und Temperatur aufgezeichnet werden. Diese Aufzeichnungen lassen sich dann zur Bestimmung des mittleren Druckes oder der mittleren Temperatur auswerten.

Infolge der hohen Umlaufgeschwindigkeiten solcher Gasmesser sind die Abmessungen recht klein. Die Messer können auch in ungeheizten Räumen Aufstellung finden und gestatten die Anwendung hoher Gasdrücke. Drehkolbenmesser sind daher für die Messung der ins Rohrnetz abgegebenen Gasmengen sehr geeignet, zumal auch ihr Meßbereich groß ist und die Messer auf längere Zeit stark überlastet werden können.

Man wird sie überall da anwenden, wo es auf genaue Erfassung der Gasmengen ankommt, also die Bezahlung des Gases nach der Messeranzeige berechnet wird. Die Drehkolbengasmesser sind neben den nassen Trommelgasmessern die einzigen eichfähigen Messer zur Bestimmung größerer Gasmengen.

V. Für die Messung innerhalb der Gasverteilung kommt es jedoch nicht immer auf eichgesetzlich genaue Erfassung der Gasmengen an. Die Messungen brauchen uns ja häufig nur ein Bild von der Zeit und Höhe der Belastungsspitzen zu geben. Dazu eignen sich sehr gut die Strömungsmesser.

Bei ihnen benutzt man den durch die Gasströmung entstehenden Druckunterschied an einer Stauscheibe oder Düse zur Bestimmung der Gasgeschwindigkeit und damit der Gasmenge. Die Anzeige des Differenzdruckes geschieht durch Flüssigkeitsmanometer, Plattenfedermanometer oder Ringwaage. Verbindet man die Anzeige des Instrumentes mit einem Schreibstift, der über einem durch Uhrwerk bewegten Papierstreifen angebracht ist, so erhält man eine Kurve der Gasabgabe, die ja hauptsächlich für die Gasverteilung von Wert ist (Abb. 5 und 6). Durch Planimetrierung dieser Kurve erhält man auch ein ungefähres Maß für die gesamte Gasmenge.

Den Differenzdruck kann man ferner auf ein Instrument wirken lassen, das — etwa durch Heben und Senken eines Schwimmers — einen elektrischen Strom steuert. Man hat dann die Möglichkeit, die Anzeige mehrerer Mengenmesser an eine Zentralstelle zu übertragen. Z. B. die Anzeige der Bezirksregler zum Gaswerk.

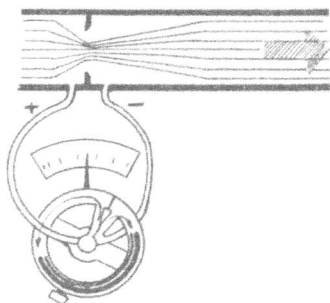

Abb. 5. Staurand mit Ringwaage.   Abb. 6. Venturirohr und Wassermanometer.

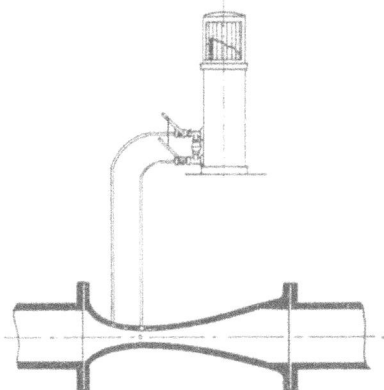

Die Strömungsmesser [II 30 u. 41] zeigen natürlich um so genauer, je größer der Druckunterschied ist, den man an der Stauscheibe zuläßt, je größer also auch der Druckverlust ist, den sie verursachen. Man wird sie daher nach Möglichkeit in höhere Druckbereiche verlegen. Dem steht aber entgegen, daß vor den Reglern der Gasdruck sehr verschieden ist und zur Ermittlung der wirklichen Gasmenge das Gasvolumen, das bei höherem Druck gemessen wird, auf ein Normalvolumen umgerechnet werden muß. Die vorteilhafteste Anbringung der Meßdüsen ist daher zwischen einem Vordruckregler und einem nachgeschalteten zweiten Regler. Damit nicht Wirbel, die sich an Krümmern, Abzweigen und Schiebern bilden, die Anzeige der Strömungsmesser fälschen, schaltet man vor und hinter die Meßdüsen ein möglichst langes gerades Rohrstück.

Die Abb. 7 zeigt eine Meßanlage mit Strömungsmessern und Reglern.

VI. Eine Vereinigung der Strömungsmessung mit der Volumenmessung stellen die Teilstrommesser dar.

Diese eigentümliche Art der Gasmessung ließ sich bereits Clegg im Jahre 1830 in seinem »pulse meter« patentieren. Das Grundlegende an dem Teilstromverfahren ist darin zu sehen, daß aus der Meßleitung ein kleiner Gasstrom abgezweigt wird, der der durchfließenden Gasmenge stets

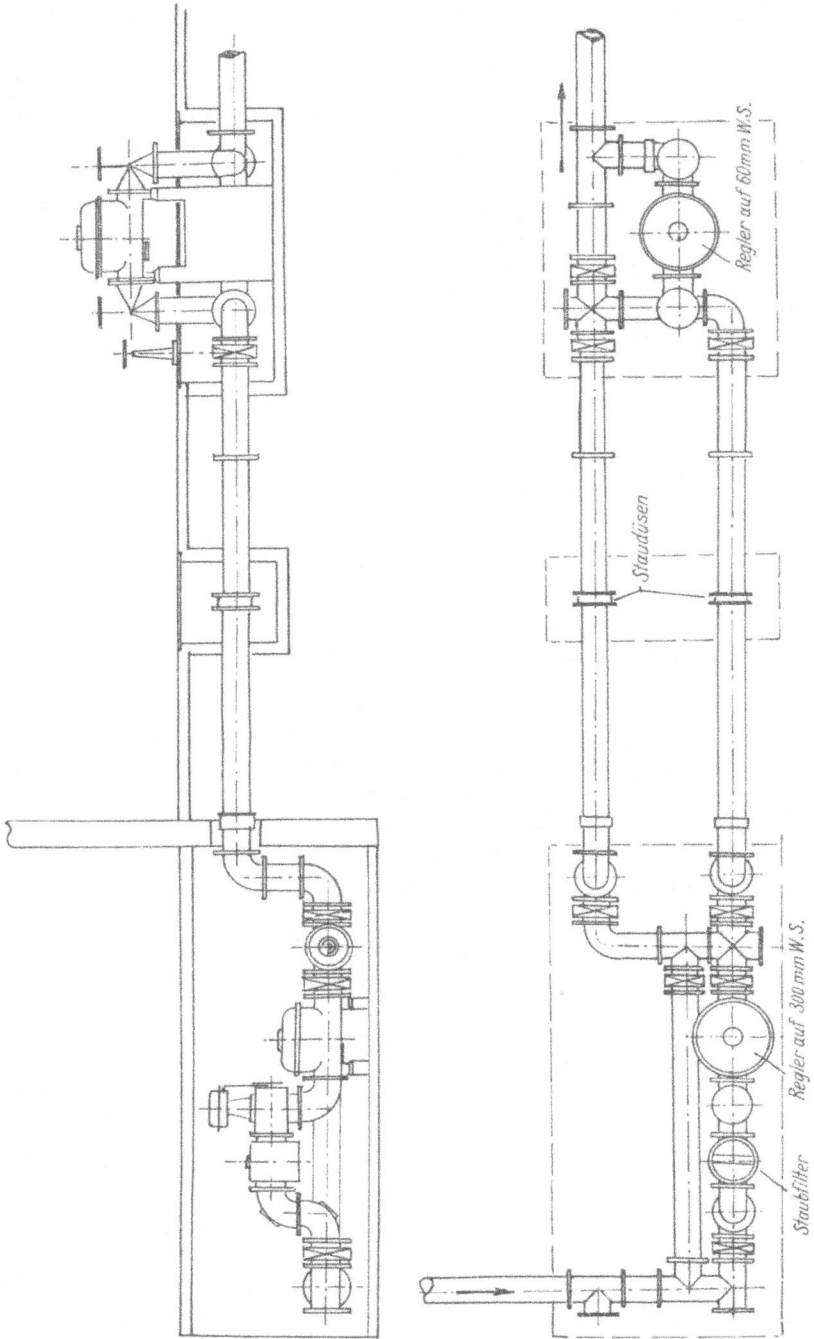

Abb. 7. Druckregler und Meßstrecke.

proportional ist. Bei neuen Verfahren geschieht diese Abzweigung durch einen sog. Strömungsteiler. Es folgt dann eine Entspannung des Gases auf Normaldruck und darauf die Messung in einem gewöhnlichen Haushaltsmesser. Hierbei wird also nicht nach dem Differenzdruckprinzip, sondern volumetrisch gemessen. Die Staudüsen dienen lediglich dem Zweck, den Hauptstrom in zwei proportionale Zweige aufzuteilen. Die Messung ist infolgedessen vom Druck und spezifischen Gewicht unabhängig (Abb. 8).

Messer nach diesem Prinzip sind zur Messung größter Gasmengen geeignet, z. B. für Messung der Abgabe des Gaswerks in das Verteilungsnetz. Die Anschaffungskosten sind verhältnismäßig gering und von der Größe der zu messenden Gasmenge unabhängig.

VII. Damit haben wir eine kurze Übersicht über die Gasmesser gegeben, die für die Messung in der Verteilung in Frage kommen. Nicht unerwähnt soll bleiben, daß man häufig auch ohne besondere Meßeinrichtungen genügend genaue Ermittlungen der Gasmengen vornehmen kann.

Wir erwähnten schon, daß der Drehkolbenmesser nichts anderes ist, als ein

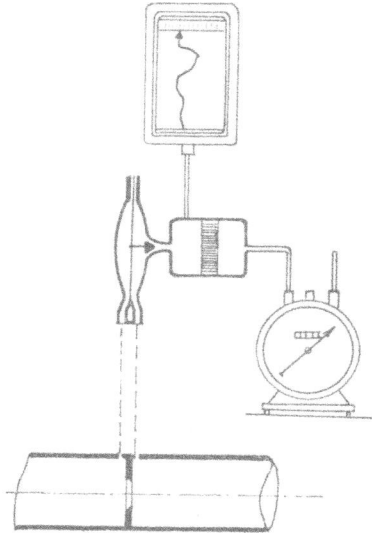

Abb. 8.   Teilstrommesser.

Drehkolbengebläse. Wird also die Gasmenge durch ein solches Gebläse gefördert, so gibt uns die Umdrehungszahl der Maschine ein für viele Zwecke genügendes Bild von der Größe der Gasmenge, vorausgesetzt, daß nicht zur Regelung ein Teil des geförderten Gases zurückfließt.

Auch Kolbenverdichter saugen bei jedem Hub eine ganz bestimmte Gasmenge an, die gleich Hubvolumen mal Lieferungsgrad ist. Der Lieferungsgrad beträgt je nach Größe des schädlichen Raumes, Erwärmung und Enddruck der Kompression 85 bis 95%. Aus der Umdrehungszahl des Kolbenverdichters läßt sich daher ebenfalls die geförderte Gasmenge berechnen.

C. Druckregelung.

I. Die wesentlichsten physikalischen Forderungen der Gasnormung sind für die Gasverteilung: »Gleichmäßiger Druck am Gasgerät und gleichmäßiges spezifisches Gewicht«. Die Frage, welche Druckschwankungen am Gasgerät als zulässig anzusehen sind, ist 1931 im Erfahrungsaustausch der Außendienstingenieure deutscher Gaswerke erörtert worden. Bunte [I 7 (5g)] veröffentlichte als Ergebnis, daß » Schwankungen des Druckes am Gerät von 5% bis 10% nach aufwärts und abwärts die Grenze der zulässigen Abweichungen sein sollten. « Herduntersuchungen haben gezeigt, daß bei steigendem Druck mit zunehmendem Gasverbrauch der Wirkungsgrad sinkt:

	Gasdruck mm WS		
	60	120	150
Gasverbrauch an:			
neuzeitlichem Herd. . .	455 l/h	645 l/h	715 l/h
10 alten Herden	580 bis 800 l/h	780 bis 1000 l/h	880 bis 1450 l/h
Wirkungsgrad an:			
neuzeitlichem Herd. . .	61%	57%	55%
10 alten Herden	43 bis 58%	38 bis 55%	33 bis 51%

Mit steigendem Gasdruck überschreitet häufig der Kohlenoxydgehalt der Abgase die zulässige Grenze von 0,1% im luftfreien Abgas. Gleichermaßen liegen die Verhältnisse bei andern mit Bunsenbrennern ausgerüsteten Geräten, wie Gasheizöfen und Bügeleisen. Wirkungsgradverschlechterung, Kohlenoxydbildung und vorzeitige Zerstörung der Geräte sind die zwangsläufigen Folgen unzulässiger Druckschwankungen am Gerät. Andere Gasabgabegebiete stellen an Gleichheit von Druck und spezifischem Gewicht (im Prüfbrenner!) höhere, weitgehendere Ansprüche; z. B. Laboratoriumsbrenner für Wissenschaft und Technik, ebenso zahlreiche Geräte der Großverbraucher in Gewerbe und Industrie. Zwar ist hier in vielen Fällen eine selbsttätige Temperaturregelung möglich, welche die Menge des zur Verbrennung strömenden Gases so einstellt, daß eine bestimmte Wärmehöhe am Gerät eingehalten wird; bei ansteigender Temperatur verkleinert der Regler die Gaszufuhr oder unterbricht sie ganz. Aber auch solchen Temperaturreglern müssen plötzliche Druckschwankungen ferngehalten werden. Denn bei zu schneller Steigerung der Gaszufuhr kann die Temperaturregelung nicht schnell genug folgen und kann die behandelte Ware schon nach ganz kurzfristiger Übertemperatur verdorben sein. Auch ist häufig die Temperaturregelung allein nicht maßgebend. So verlangen gewisse Vergüteprozesse und andere Metallarbeiten nicht so sehr die Einhaltung einer bestimmten Temperatur als vielmehr einer genauen Ofenatmosphäre (reduzierend oder oxydierend).

Selbsttätiges Arbeiten, Erzielung einer gleichmäßigen Ware, Vermeidung von Ausschuß sind doch besondere Vorteile des Gasfeuers. Um sie voll zur Geltung zu bringen, dazu gehört neben gleichmäßiger Gasbeschaffenheit ein stets gleicher Gasdruck — auch bei Gasfeuern der Großverbraucher. Hier dürfen zuweilen nur Druckschwankungen von 2 bis 5 mm zugelassen werden.

Lange hat man sich damit begnügt — selbst bei den Rohrnetzen der Großstädte — die erforderliche Druckregelung einmalig beim Beginn der Gaslieferung (im Gaswerksreglerhaus, Gasbehälterstation, am Gasmesser der Großverteilung angekaufter Gasabgabe u. dgl. m.) vorzunehmen. Solange die Gasabgabe vornehmlich zu Beleuchtungszwecken diente, genügte das bei den damaligen geringen Ansprüchen. Bei den offenen Brennern der Gasbeleuchtung (Schnittbrenner, Argandbrenner usw.) war man gegen Schwankungen des Druckes wenig empfindlich. Bei dieser Methode der zentralen Druckregelung mußten natürlich bei gleichbleibendem Druck am Zentralgasdruckregler sehr erhebliche Druckunterschiede im Rohrnetz auftreten, wenn in den verschiedenen Bezirken des Verteilungsnetzes in der Zeiteinheit die Verbrauchsmenge sich änderte. Vielleicht war es auch damals leichter, dem Rhythmus der Tagesverbrauchskurve durch zentrale Druckregelung zu folgen, als der Brennkalender der öffentlichen Beleuchtung Beginn und Ende der Hauptverbrauchskurve angab und bekannte Tagesstunden wie Ladenschluß, Ende der Arbeitszeit in Fabriken u. a. m. die wesentlichsten Verbrauchsschwankungen bestimmten (vgl. Abb. 13, Kap. 4).

Seitdem die Gasabgabe für Beleuchtungszwecke fast allein auf die öffentliche Straßenbeleuchtung [14]) beschränkt ist und Gasfeuer der verschiedensten Industrie-, Gewerbe- und häuslichen Geräte und Raumheizung die Gasverteilungsleistung bestimmen, ist es nahezu eine Unmöglichkeit, mit Druckregelung von einer zentralen Stelle aus die Gasverbraucher gut zu bedienen. Sehen wir uns die Schaublätter der Stadtdruckregler an, so zeigen alle mehr oder weniger — und wie kann es auch anders sein — Druckschwankungen, welche nach unseren vorangegangenen Betrachtungen weit über die zulässigen Grenzen hinausgehen. Die Druckschaubilder der Abb. 13, Kapitel 4 zeigen — ohne Laternendruckwellen — Schwankungen von 50 bis 200 mm WS. Bei Geräten in der Nähe der Abnahmestelle dieser Schaubilder würde also der Gasverbrauch zur Zeit des höchsten Druckes von $k \cdot \sqrt{\dfrac{50}{s}}$ auf $k \cdot \sqrt{\dfrac{200}{s}}$, also auf rund das Doppelte steigen. Neben diesen Druckschwankungen dürfen auch die zum Zweck der Laternenzündung und -löschung verursachten Druckwellen nicht vergessen werden.

In Kapitel 4 und 6 C werden wir sehen, daß neben diesen Forderungen der Gasverbraucher auch gewichtige Rücksichten auf die Finanzierung von Rohrnetzerweiterung und andere Bedingungen der Rohrnetzwirtschaft zu weitgehender Unterteilung der Gasverteilungsnetze (Bezirksregelung) führen. Aber auch diese Maßnahme dürfte nur in Sonderfällen eine zufriedenstellende Druckregelung erreichen lassen.

---

[14]) Vgl. 1. Kap. A III.

Die zentrale Druckregelung kann also nur einen gewissen mittleren Druck des Versorgungsgebietes regeln, aber nie den oft wechselnden Druckverhältnissen der einzelnen Straßenzüge folgen; und das selbst dann nicht, wenn man den Versorgungsbereich eines Gaswerks in Bezirke mit eigener Druckregelung (durch Bezirksdruckregler) unterteilt und das Gebiet der einzelnen Bezirksdruckregler auf geringe Gebietsdurchmesser — sagen wir z. B. etwa 1 km — beschränkt.

II. Lehnt man also die zentrale Druckgebung ab und erkennt, daß auch die Bezirksregelung es nicht vermag, vor den verschiedenen Gasgeräten zu jeder Tageszeit gleichen Druck herzustellen, so bleibt nur die Möglichkeit, den Regelungsbezirk noch weiter zu verkleinern. Damit wäre der »Hausdruckregler« gefordert[15])!

Bei manchem Leser dieser Ausführungen springt hier vielleicht der Einwand auf, daß Gasverteiler und Gasverbraucher sich bisher wohlbefunden hätten und eine so weitgehende Zielsetzung — Druckregelung im Hause — wirtschaftlich vom Übel sein könnte. Dazu sei hier kurz eingeschaltet:

Die örtliche Druckregelung — beim Verbraucher — hat schon vor Jahrzehnten in der Gasverteilung eine Rolle gespielt. Damals verband man mit dem Druckregler — häufig in Kombination für Vordruck- und Feinregelung — den Nebenzweck, die Rückschläge der Ansaugeperioden von Gasmotoren unschädlich zu machen. Damals gab es nur Regelerkonstruktionen, welche es notwendig machten, den Raum über dem Regelungsorgan (Membrane) wegen deren unbehinderter Bewegung mit der Außenluft in Verbindung zu setzen. Das war ein Übelstand. Diese Entlüftungsrohre haben viel Ärgernis bereitet, zuweilen auch zu Explosionen Anlaß gegeben. Erst um 1927 kam ein Gasdruckregler auf den Markt, welcher bei tadelloser Erfüllung seiner Aufgaben die Entlüftung entbehren konnte. Seitdem erst konnte man den Entschluß fassen, ganz allgemein die Druckregelung hinter die Gaszuleitung zum Verbraucher zu verlegen.

Die Forderung nach gleichmäßigem Gasdruck ist eine Rücksicht auf die Verhältnisse am Gasgerät. Daher haben wir weiter zu untersuchen, welchen Einfluß die Hauszuleitungen und die Verteilungsleitungen im Hause auf den Gasdruck unmittelbar vor dem Gasgerät ausüben. Rosenthal [I 7 (5 e u. f)] veröffentlichte über die Druckverhältnisse eines vierstöckigen Achtfamilienwohnhauses eine Zahlentafel, nach welcher bei Verbrauchsschwankungen von 0,6 bis 9,6 m³/h Druckverluste von 2,3 bis 22,1 bzw. 58,4 mm WS auftreten. Nicht selten begegnet man heute Steigeleitungen in z. B. viergeschossigen Wohnhäusern mit je 2 und mehr Gasmessern in jedem Geschoß. Bei der oft gar nicht lang zurückliegenden Einrichtung dieser Steigeleitungen wurden seiner-

---

[15]) Über Druckregler vgl. auch 6. Kap. B S. 127 ff.

zeit daraus nur wenige Kocher gespeist; nach und nach sind Küchenherde, Wassererhitzer, Gasbadeöfen usw. angeschlossen worden. Welche Möglichkeiten bietet eine derartige Hauseinrichtung für die Wandlung des Gasverbrauchs und demgemäß des Druckverlustes! Kobbert [I 7 (5 f)] gibt dazu folgende Zahlen: In der einzelnen Wohnung eines solchen Hauses wechselt die stündliche Höchstbelastung des Gasmessers zwischen 0,6 m³ auf 3,7 m³ auf 5,9 m³, also rd. 1 : 10. Die Belastung der Steigeleitungen kann demgemäß zwischen 4,8 m³ bis 29,6 m³ bis 52,2 m³ wechseln. Die erforderlichen Druckverluste [16]) schwanken im Verhältnis

$$\frac{h\,1}{h\,2} = \frac{Q_1{}^{1,69}}{Q_2{}^{1,69}} = \text{rd. } 1:56.$$

Diese Fülle der Belastungsänderungen einer Hausverteilungsgasleitung läßt die verschieden möglichen Druckverhältnisse vor dem Gasgerät klar erkennen. Wir sehen daraus wiederum, daß zentrale Druckregelung schon für eine einzige Straße den Anforderungen der heutigen Zeit nicht mehr nachkommen kann. Wir kommen daher zu dem Ergebnis, daß die brauchbare Druckregelung in allernächster Nähe des Gasverbrauchers liegen muß. Danach unterscheiden wir Hausdruckregler, Wohnungsdruckregler und Gerätedruckregler. Gehen wir an die Verwirklichung dieses Grundsatzes, so müssen wir unterscheiden zwischen der Funktion eines Hausdruckreglers im Einfamilienhaus und der Wirkungsweise eines solchen für mehrgeschossige Gebäude mit z. B. 20 und mehr Gasmessern und/oder der Tätigkeit eines Reglers für zahlreiche Gasfeuer einer Gruppe von Werkstätten. Wir erkennen sofort, daß das Einfamilienhaus mit »einem« Hausdruckregler noch allenfalls angemessen bedient werden könnte. Fraglich erscheint es schon, ob der Hausdruckregler dort seine Pflicht tut, wo einmal nur der Verbrauch einer Kocherflamme zu regeln ist, ein andermal mehrere vorhandene Herde und/oder Wassererhitzer und Gasbadeöfen eingeschaltet werden. Mit zunehmender Wohnungszahl und dementsprechender Gasreglergröße wird die normale Reglerbelastung zeitweise derart unterschritten, daß ein einwandfreies Arbeiten nicht mehr erreicht werden kann. Dann fehlt aber auch die vom Regler erwartete Besserung der Druckverhältnisse an den Geräten. Ferner fällt bei einem Hausdruckregler mit einer großen Zahl von Wohnungen der Vorteil individueller Behandlung des einzelnen Gasabnehmers fort; hinzukommt aber der Nachteil, daß bei eintretender Reglerstörung eine größere Anzahl von Gasverbrauchern belästigt wird. Da im übrigen bei der Hausdruckregelung wohl die Zahl der Regler kleiner, die Kosten der größeren Type aber größer werden, so ist bei der Hausdruckregelung keine nennenswerte Ersparnis gegenüber der Wohnungsdruckregelung zu erzielen. Unter solchen Umständen sind

---

[16]) Vgl. 5. Kap. Gl. (8).

die höchsten Ansprüche an Druckregelung nur zu erfüllen, wenn zwischen dem Vordruck am Gasmesser und dem Fließdruck am Gasgerät ein so großer Unterschied besteht und die Verbindungsleitungen in solchen Rohrweiten hergestellt sind, daß in den erörterten Fällen die in der Zeiteinheit verlangte Gasmenge zu jedem Gerät gelangen kann. Aus dieser Überlegung folgt ganz zwanglos, daß der Grundstücksregler, ja auch der Hausregler einer großen Anzahl von Verbrauchsgeräten mit sehr verschiedener Benutzungsdauer von gleichzeitig sehr verschiedener Beanspruchung das nicht erfüllen kann, was der Gasverbraucher nötig hat.

III. Daher ist die ideale Lösung die Druckregelung unmittelbar vor dem Gerät, in Verbindung mit ausreichenden Verbindungsrohrleitungen und ausreichendem Vordruck zwischen Straßenrohr, Gasmesser und Eingang zum Gasgerät. Leider ist diese Forderung für absehbare Zeit innerhalb der Möglichkeiten praktischer Wirtschaft nicht zu erfüllen. Dieser Idealzustand ist auf zwei Wegen erreichbar: Der eine müßte seinen Anfang nehmen bei einem Entschluß der Gasgeräteindustrie, im Einvernehmen mit den Gasverteilern, welcher vorschreibt, daß fortan Geräte aller Art mit Druckreglern geliefert werden müssen, und solch ein Entschluß müßte so selbstverständlich ausgeführt werden, wie man heute etwa Kocher, Herde usw. nicht ohne Brennerhähne liefert! Der andere Weg ist eine fortgesetzte Nachprüfung der Druckverhältnisse seitens der Gaslieferer gelegentlich der Gasmesservergrößerungen, bei Rohrnetzreparaturen und bei Zuschaltung neuer Gasgeräte. Dabei müßte es üblich werden, daß Gasverteiler, Gasverbraucher und Hauseigentümer dem Ergebnis solcher Nachprüfungen auch immer zur Verwirklichung verhelfen. Das wird noch eine Zeitlang währen; das Ziel darf nicht aus dem Auge gelassen werden. Inzwischen heißt es, sich zu helfen! Nach unserer bisherigen Betrachtung wird die behelfsmäßige Lösung unserer Aufgabe darin liegen, daß man die Druckregelung so nahe wie möglich an die Geräte der Gasverbraucher heranlegt. Damit kommen wir im allgemeinen — insbesondere für Gruppen von Wohnungsgasmessern — zum »Druckregler am Gasmesser«! Je nach der Eigenart der Örtlichkeit wird man dabei in der Wahl der Reglerkonstruktion mehr oder weniger anspruchslos sein. Untersuchungen zur Klarstellung der Reglerauswahl führten zu der Erkenntnis, daß Druckreglung und Druckerhöhung Hand in Hand gehen müssen. Einmal ist die Druckregelung nur erfolgreich, wenn die Druckhöhe vor dem Regler eine gewisse Druckreserve zur Verfügung stellt. Denn der Druckregler kann ja nur Drucküberhöhungen — nicht Druckmangel — ausgleichen. Sodann ist eine allgemeine Druckerhöhung im Rohrnetz, bei genügender Höhe das Mittel, um mangelnde Leistungsfähigkeit mit einem Schlage für Jahrzehnte zu beseitigen. Ferner darf nicht vergessen werden, daß Gasmesser mit stark überhöhtem Druck Meßverluste mit sich bringen — wenn nicht sogar die Beschaffung eines neueren Gasmessertyps nötig wird —, welche die Wirtschaftlichkeit der Geräteregler vermindern können; dazu kommt die bei höherem Druck notwendige Überholung der Geräte.

Der Wohnungsgasdruckregler am Eingang des Gasmessers entlastet die Wohnung von starker Drucksteigerung und überflüssig hohem Druck während der Nichtbenutzung der Geräte. Jeder Gasmessertyp kann weiterhin verwendet werden. Praktische Erfahrungen haben auch gezeigt, daß die Schutzvorrichtung der Druckregler einen vorzüglichen Gasmesserschutz gegen Flugrost und andere Gasablagerungen bilden und unter Aufwendung geringster Kosten können diese Gasdruckregler gereinigt werden. Gasmeßverluste brauchen nicht einzutreten. Dem Einwand, daß ein Regler bei Beginn der Wohnungsgasleitung die Nachteile zu enger Wohnungsleitung nicht beheben könne, ist nicht beizupflichten. Wohnungsregler sind keine Mengenregler, sondern Druckregler und lassen bei genügend hohem Vordruck unter gleichbleibendem Fließdruck hinter dem Regler größere Gasmengen hindurch. Manche Reglerbauarten geben nicht immer einen gleichen Fließdruck, sondern regeln den Ausgangsdruck je nach der Gasmenge, welche durch den Regler und die angeschlossene Leitung strömt. Bei richtiger Auswahl der Druckerhöhung, welche der Regler selbsttätig bei höherer Belastung gibt, kann man also Druckverluste der angeschlossenen Leitung zu den Geräten ausgleichen. Es gibt sogar Regler, bei welchen man die Höhe des Zuschußdruckes während des Betriebes einstellen kann. Dann kann man selbst bei einer Leitung mit hohem Druckverlust hinter dem Druckregler auch bei verschiedenen Belastungen immer gleichen Druck am Gerät einhalten. Ein solcher Wohnungsregler erfüllt also auch die Funktionen eines Gerätereglers. Regler dieser Art sind natürlich teuer, aber auch nicht überall erforderlich. Wo eine gleichmäßige Belastung zu erwarten ist oder die angeschlossene Leitung nur ganz geringen Druckverlust aufweist — auch bei der größten vorkommenden Belastung —, dort wird man mit dem einfachsten Wohnungsregler und mit stets gleichem Fließdruck hinter dem Druckregler auskommen.

Treten Belastungsspitzen in bestimmter Höhe auf, bei denen der Druckverlust der zum Gerät führenden Leitung zu groß wird, so muß man gleichfalls einen Regler verwenden, der bei einer Belastung, welche über das Normale hinausgeht, einen Zuschußdruck gibt. Für jede derartige Aufgabe gibt es heute zweckentsprechende Regler, welche die Gasgeräte mit dem nötigen gleichmäßigen Druck versorgen.

IV. An den Gasmessern der Verbraucher endet die allgemeine (öffentliche) Gasverteilung, also gehört die Druckregelung am Gasgerät äußerlich gesehen schon in das Gebiet der speziellen Gaseinrichtung des Verbrauchers. Trotzdem mußten wir auch im Rahmen moderner Gasverteilung diese Dinge hier erörtern, weil an dem Tatbestand der Druckgebung vor dem Gasgerät die Zweckmäßigkeit der Einrichtung der Gasverteilung ihr Urteil findet.

Unsere Zielsetzung bedeutet für den Gasverbraucher Ersparnis an Betriebsunkosten und Vermeidung von Ärger. Für den Gasverteiler ist die ideale Lösung der Druckgebung außerdem noch ein sehr bedeutsames Propagandamittel im Wettbewerb mit anderer künstlicher Wärmeerzeugung. Der Gasverteiler sollte keine Mühe scheuen und nicht selbst die Gelegenheiten vermehren, in denen z. B. Elektrowärme vorgezogen wird, weil sie in der Feinregulierung Bedeutsames leistet. Der Gaslieferer hat bisher die ihm gebotenen Möglichkeiten bei weitem noch nicht ausgenutzt, um seinen Gasverbraucher hinsichtlich selbsttätiger Wärmebetätigung restlos zu befriedigen!

Im übrigen sei zu dieser Frage der Druckregelung hinter dem Gasmesser auf die nachstehenden Spezialausführungen verschiedener Verfasser hingewiesen:

1. Florin: »Gasdruckregler für Haus, Wohnung und Gasgerät«, GWF Nr. 1/1932, S. 12.
2. Gerdes: »Gasdruckerhöhung auf 350 mm WS im Stadtrohrnetz«, GWF Nr. 43/1931, S. 983 bis 989.
3. Kämpe: GWF Nr. 37/1931, S. 857/859.
4. Kiesel: GWF Nr. 37/1931, S. 859/861.
5. Kobbert: Verhandlungen der Jahresversammlung des DVGW 1931, S. 96/97 (vgl. auch GWF Nr. 37/1931, S. 864/65).
6. Rosenthal: »Gasverteilung«, GWF Nr. 36/1931, S. 829/837 u. Nr. 37/1931 S. 857.
7. Scholz-Frick: GWF Nr. 37/1931, S. 861/864.
8. Tillmetz: »Über Geräteregler«, Deliwa-Zeitschrift S. 197 Nr. 10/1932.

D. Gasförderung.

I. Vom Gasspeicher strömt das Gas — mit oder ohne Messung — der Verteilungs- oder Fernleitung zu. Es steht unter dem Druck, den der Behälter hervorruft. Dieser Druck ist je nach der Bauart des Gasbehälters und dem Grade seiner Füllung verschieden. Für die geringen Ansprüche früherer Zeiten war dieser Druck für das Rohrnetz immer ausreichend, wurde sogar durch den Druckregler noch abgedrosselt, weil er für die meisten Verteilungszwecke zu hoch war.

Im Abschnitt 3C sahen wir, daß heute bei zentraler Druckregelung der Anfangsdruck infolge der stärkeren Belastung des Rohrnetzes zeitweise bis auf 200 mm WS gesteigert werden muß. Wo die höchste Stundenbelastung des Rohrnetzes noch weiter ansteigt, wird auch dieser Druck bald nicht mehr genügen.

Bei dezentralisierter Druckregelung wird man immer einen verhältnismäßig hohen Druck anwenden. Ein zu hoher Druck kann — im

Gegensatz zur zentralen Druckregelung — keinen Schaden verursachen,
man geht dabei aber sicher, daß bei hohem Verteilungsdruck die verlangte Gasmenge überall mit genügendem Gerätevordruck zur Verfügung
steht. Ein höherer Netzdruck läßt auch noch andere Vorteile der dezen-
tralisierten Druckregelung voll zur Geltung kommen.

Verlegt man die Druckregelung in die Bezirke und errichtet Reglerstationen, die durch besondere Speiseleitungen vom Gaswerk oder
einer anderen Verteilungsstelle ihr Gas erhalten, so wird man für diese
Leitungen noch weitere Drucksteigerungen anwenden, um die Anlagekosten so niedrig wie möglich zu halten. Der Druck offener Gasbehälter
wird aber 210 bis 300 mm WS nie übersteigen (s. S. 36, Abschnitt 3 A).

II. Wo dieser Druck nicht ausreicht, ist die Aufstellung eines Gas-
gebläses oder Verdichters notwendig. Die Bauarten dieser Maschinen
und ihre Eignung für die Gasverteilung sollen im nachstehenden kurz
beschrieben werden.

Man verwendet Verdichter mit drehenden Kolben und solche, bei
denen der Kolben eine hin- und hergehende Bewegung ausführt.

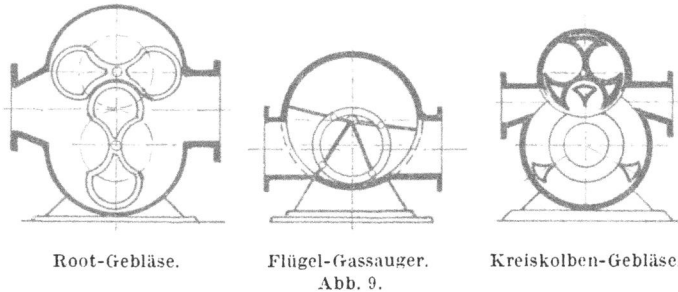

Root-Gebläse. Flügel-Gassauger. Kreiskolben-Gebläse.
Abb. 9.

Verdichter mit drehendem Kolben sind für höhere Drehzahlen geeigneter als solche mit hin- und hergehenden Kolben. Ihr Platzbedarf
ist daher geringer. Weitere Vorzüge bestehen in dem Fortfall der Ventile und des Kurbeltriebes. Ein Nachteil ist der verhältnismäßig hohe
Verschleiß an den dichtenden Stellen und starke Undichtigkeitsverluste.
Vorwiegend finden sie daher für geringe Drücke Anwendung. Für unmittelbare Druckgebung ins Rohrnetz, wo es sich nur um Drücke um
ca. 300 WS handelt, sind Gebläse mit rotierendem Kolben, Gassauger
oder Kapselgebläse gut geeignet. Der Antrieb kann durch Riemen von
einer Transmission aus erfolgen oder durch direkt gekuppelte Dampf-
maschinen. Die verschiedenen Arten der Kapselgebläse sind in der
Abb. 9 gegenübergestellt. Eine Weiterentwicklung des Gassaugers stellt
der Rotationskompressor dar. Hier werden die Schwierigkeiten, die
sich bei den Gassaugern einer guten Abdichtung gegenüberstellen, durch
das sog. Vielzellenprinzip ausgeschaltet. Besondere Steuerorgane fallen

fort, zur Aufnahme der Fliehkräfte der einzelnen Stahllamellen und zur Verringerung der Abnutzung werden die Lamellen in Ringen geführt, die in Aussparrungen der Gehäusewand laufen. Das Prinzip des Rotationskompressors zeigt Abb. 10.

Im Gegensatz zu den Kapselgebläsen, deren Tourenzahl mit etwa 450 Umdr. pro Minute begrenzt ist, liegen die Tourenzahlen der Rotationskompressoren so hoch, daß sie mit Elektromotoren direkt oder durch Zwischenhaltung eines Vorgeleges gekuppelt werden können. Auch Dampfturbinen eignen sich zum direkten Antrieb. Die Bauart ist außerordentlich gedrängt und erfordert nur sehr wenig Raum. Die Leistungen liegen zwischen 30 und 4000 m³/h, der Gasstrom von und zu der Maschine ist praktisch gleichmäßig.

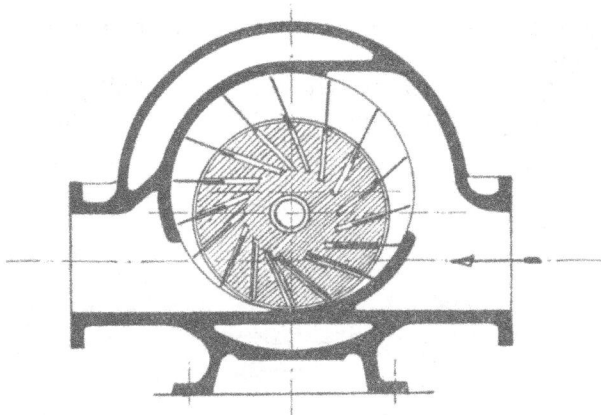

Abb. 10. Rotationskompressor.

Bei allen diesen Gebläsen ist als Schutz des Leitungsnetzes gegen zu hohen Druck ein Rückflußregler erforderlich. Da der Kolben bei Stillstand der Maschine kein Gas hindurchtreten läßt, ist außerdem eine Umgangsklappe vorzusehen, die das Gas in das Rohrnetz strömen läßt, wenn der Druck unter ein bestimmtes Maß sinkt. Eine solche Regleranlage ist in Abb. 11 dargestellt.

Bei allen Gebläsen mit rotierendem Kolben ist die geförderte Gasmenge von der Drehzahl abhängig, erfordert also eine genaue Regulierung und Anpassung an den jeweiligen Gasbedarf des Leitungsnetzes oder selbstregulierende Vorrichtungen. Nur die Schleuder- und Turbogebläse passen selbsttätig die Gasmenge dem jeweiligen Bedarf an. Sinkt der Druck, gegen den das Schleudergebläse zu arbeiten hat, so erhöht sich die Gasmenge, steigt der Druck im Leitungsnetz durch geringeren Verbrauch, so verringert sich auch die geförderte Gasmenge und kann sogar bei bestimmtem Gegendruck gleich null werden. Das Schleudergebläse stellt also bei gleichbleibender Umlaufzahl immer den gleichen Druck im angeschlossenen Leitungsnetz her. Regler und Sicherheitseinrichtungen gegen zu hohen Druck sind nicht erforderlich. Die Schleudergebläse zeichnen sich außerdem durch einfache, fast unverwüstliche Bauart aus. Die hohe Tourenzahl gestattet es, sie direkt oder durch Zwischenschalten eines Zahnradgetriebes mit Elektromotor (vgl. S. 58) oder Dampfturbine zu kuppeln, wodurch der Platzbedarf außerordentlich gering wird.

Für die Druckgebung ins Rohrnetz sind Schleudergebläse außerordentlich geeignet. Dieselben Eigenschaften weisen auch die Turbo-

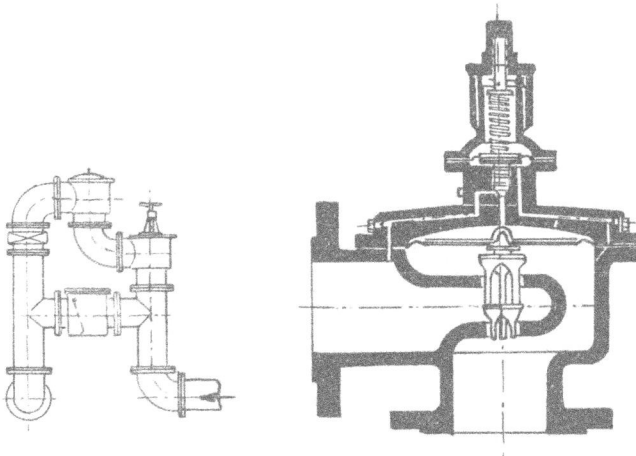

Rückflußregler mit Umgangsklappe (Einbau-Skizze).　　　Sicherheits-Rückflußregler.

Abb. 11.

gebläse auf. Auch hier wird dem Gasstrom eine bestimmte Geschwindigkeit erteilt und diese in Druck umgesetzt. Durch Steigerung der Leistung der Antriebsmaschine hat man es in der Hand, Fördermenge und Druck vorübergehend ganz erheblich zu steigern.

Aus baulichen Gründen ergeben sich für jeden Druck gewisse obere und untere Leistungsgrenzen, außerhalb derer sich das Turbogebläse weder durch Leistung noch mit Rücksicht auf Wirkungsgrad und Preis als vorteilhaft erweist. Bei einem Gegendruck bis 500 mm WS liegt diese untere Grenze bei etwa 5000 m³/h.

Kolbenverdichter mit hin- und hergehendem Kolben sind besonders geeignet für höhere und höchste Drücke (von 2 atü an). Sie kommen hauptsächlich für Fernleitungen oder Speiseleitungen der Bezirksregler in Frage. Ebenso sind sie zur Aufladung von Speicherbehältern geeignet. Die Gasmenge, die verdichtet wird, richtet sich nur nach der Umlaufzahl der Maschine. Bei wechselnder Gasabgabe, wie sie die Gasversor-

gung einer Stadt darstellt, sind Kolbengebläse nur mit einer Antriebsmaschine zu verwenden, die sich in weiten Grenzen regulieren läßt.
Eine Regelung durch Umgang ist nicht nur wegen der höheren Betriebskosten unzweckmäßig, die das zuviel geförderte Gas verursacht, sondern
auch wegen der zunehmenden Erwärmung des umlaufenden Gases.
Neuerdings hat sich eine Regulierung herausgebildet, die durch zeit-
weises Abheben der Saugeventile die Leistung des Verdichters beeinflußt.

Die Umdrehungszahl der Kolbengebläse ist nur niedrig, daher der
Platzbedarf bei größeren Gasmengen groß. Außerdem machen sich die
Nachteile der stoßweisen Gasförderung in Saugeleitung und Rohrnetz
bemerkbar.

III. Je nach der Art der zur Verfügung stehenden Antriebskraft
wird man nun unter den verschiedenen Gebläsearten wählen. Ist eine
Transmission oder eine langsam laufende Dampfmaschine vorhanden,
so wird man Kapselgebläse oder Gassauger bevorzugen. Sie haben verhältnismäßig niedrige Umlaufzahlen und die Riemengeschwindigkeiten
werden klein. Das ist aber gerade bei gasfördernden Gebläsen von Wichtigkeit, denn bei hoher Riemengeschwindigkeit kann Funkenbildung
durch statische Elektrizität am Riemen auftreten.

Ist eine Kesselanlage vorhanden, die noch den notwendigen Dampf
ohne große Erweiterungsbauten liefern kann, so wird man für den Antrieb Dampf wählen, und zwar für kleinere Gasmengen Schleudergebläse,
für größere bis zu 5000 m³/h Rotationskompressoren und Mehrflügel-
gassauger mit schnellaufender Dampfmaschine direkt gekuppelt, für
Gasmengen über 5000 m³/h Turbogebläse mit Dampfturbine direkt gekuppelt.

Steht Dampf nicht zur Verfügung, sondern billiger elektrischer
Strom, so wird sich die Wahl des Gebläses nach der zur Verfügung stehenden Stromart richten. Für Drehstrom wird man Schleuder- und
Turbogebläse wählen, bei denen keine genaue Regelung der Drehzahl
notwendig ist. Der langsamer laufende Gleichstrommotor mit fast
verlustfreier Nebenschlußregelung ist zum Antrieb von Kapselgebläsen
und Gassaugern geeigneter. Für die Entscheidung zwischen Dampf-
und elektrischem Antrieb ist der Vergleich zwischen Strompreis und
Kosten des Dampfes einschließlich Verzinsung irgendwelcher Kessel-
neubauten oder Erweiterungen maßgebend. Zum Antrieb von Kolben-
kompressoren mit hin- und hergehenden Kolben für große Leistungen
kann auch eine Gasmaschine geeignet sein, wenn man mit niedrigen Gas-
preisen rechnen kann. Man beachte außerdem die Unfallverhütungsvorschriften der Berufsgenossenschaft der Gas- und Wasserwerke über Aufstellung von Elektromotoren und Gasmaschinen in gasgefährdeten
Räumen.

Der Kraftbedarf der verschiedenen Gebläsearten ist, abgesehen von geringen Reibungsverlusten, für eine bestimmte Leistung ziemlich gleich. Er läßt sich für geringe Drücke überschlägig berechnen nach der Formel

$$N_e = \frac{Q \cdot h}{3600 \cdot 75} \cdot \frac{1}{\eta} = \frac{Q \cdot h}{16\,200}.$$

Darin bedeutet N_e den Kraftbedarf in PS,

Q die Gasmenge in m³/h,
h den Druck in mm WS.

Nachstehende Zahlentafel 2 gibt eine Übersicht über den Kraftbedarf für bestimmte Gasmengen.

Zahlentafel 2.
Kraftbedarf für Gasverdichter in PS.

Q = m³/h	1000	2000	3000	4000	5000	6000	7000	8000	9000	10 000
h = Druckdifferenz										
300 mm WS	1,85	3,70	5,50	7,40	9,25	11,10	12,45	14,81	16,66	18,51
400 mm WS	2,46	4,90	7,40	9,87	12,34	14,8	17,3	19,7	22,21	24,7
500 mm WS	3,08	6,17	9,26	12,34	15,40	18,50	21,6	24,6	27,7	30,8

Um das Rohrnetz mit einem höheren Druck von etwa 300 bis 400 mm WS versorgen zu können, werden durchschnittlich folgende Mehrkosten für 1 m³ Gas aufzuwenden sein:

Anlagekosten 0,02   bis 0,022   Pf./m³,
Betriebskosten . . . . 0,013 » 0,045   »
Reparaturen . . . . . <u>0,0034 » 0,0055   »</u>
0,0365 bis 0,0725 Pf./m³,

wenn kein Mehraufwand an Löhnen für Bedienungspersonal erforderlich ist.

Ist für den Gebläsebetrieb eine dauernde Beaufsichtigung erforderlich, die zusätzliche Löhne braucht, so sind im Jahre ca. 6000 bis 8000 RM. aufzubringen, die sich auf die ganze im Jahr geförderte Gasmenge verteilen (vgl. Kapitel 6 D).

Für höhere Drücke muß man den Kraftbedarf der Gasverdichter nach der Formel:

$$N_e = \frac{10\,000 \cdot p_1 \ln \frac{p_1}{p_2} \cdot Q}{3600 \cdot 75 \cdot \eta}.$$

berechnen.

Darin ist p_1 Druck vor dem Verdichter in ata,

p_2 Druck hinter dem Verdichter in ata.

Die übrigen Werte wie vorher.

4. Kapitel.
Ermittlung von Gasbedarf und Verteilungs-leistung.

Ob wir die Belastung eines einzelnen Rohrstranges oder die Zuläng-lichkeit eines ganzen Rohrnetzes zu prüfen oder den Rohranschluß eines neuen Großverbrauchers oder einer Gruppe von Verbrauchern zu planen haben: immer ist es das wichtigste, den zu erwartenden höchsten Gas-bedarf richtig zu schätzen und die höchste stündliche Gasentnahme demgemäß ermitteln zu können.

A. Unsere Aufgabe ist durch dreierlei Erscheinungen neuzeit-licher Gasversorgung gegen frühere Zeiten verändert worden:

     I. die starke Verdichtung des Gasverbrauchs,

    II. die Finanzlage der Unternehmungen für Gasversorgung von Städten und ihrer Abnehmer, sowie

   III. die stark zunehmende Verdichtung des Straßenverkehrs.

Zu A. I: Die Verdichtung des Gasverbrauchs ist zunächst Wachs-tum des Jahresgasverbrauchs je Kopf der Bevölkerung der Gasabgabe-gebiete. Für die Verteilungsleistung der Rohrnetzquerschnitte ist ferner die stündliche Gasabgabe maßgebend, und zwar ihr Höchstwert wäh-rend der Jahresgasabgabe. Diese beiden Werte folgen heute nicht mehr — wie das für reine Gasbeleuchtung weitgehend der Fall war — der Bewegung einer Jahreszeitenkurve. Wir unterrichten uns an Hand der Gasstatistik [II 28][17]) des Deutschen Vereins von Gas- und Wasser-fachmännern E. V.[18]). In der nachfolgenden Tafel 3 sind für 15 Gas-werke die Beziehungen zwischen Jahresgasabgabe und Einwohnerzahl, sowie der Anteil der höchsten stündlichen Gasabgabe aus der

15.	25.	30.	35.	41.	und z. T. auch der 51.[19]) Gas-St. von
1893	1903	1908	1913	1919	1929

---

[17]) Im weiteren Text mit Gas-St. bezeichnet.
[18]) Fortan mit DVWG bezeichnet.
[19]) Die Werte der Sp. 0 in Zahlentafel 3 sind in der 51. DVGW-Gas-St. nicht enthalten.

zusammengestellt. Diese 15 Beispiele wurden für jede Gasabgabestufe dem Norden, Süden, Osten und Westen Deutschlands entnommen. Sechs davon sind in der 54. Gas-St. Großstädte mit über $50 \cdot 10^6$ m³ Jahresverbrauch; die Gasabgabe von vier Städten bewegt sich zwischen $10 \cdot 10^6$ und $50 \cdot 10^6$ m³, und für fünf liegt sie um $3 \cdot 10^6$ m³ und darunter. Vier Spalten c, d, e, f der Zahlentafel 3 zeigen die Entwicklung der Gasabgabe je Kopf der Bevölkerung vor 1913, zwei Spalten g und h geben die Entwicklung 1919 bis 1929, d. h. bis zum Beginn der nach 1929 einsetzenden Wirtschaftskrise. Die größte Stundengasabgabe der angeführten Jahre ist in Hundertteilen der Jahresgasabgabe ausgedrückt. Leider fehlen in der 51. Gas-St. die entsprechenden Erhebungen.

Zahlentafel 3.

Wandlung der Beziehungen zwischen Jahresgasverbrauch, Einwohnerziffer und stündlichem Höchstverbrauch.

Lfd. Nr.	Gruppe nach Statistik 1932	Nach der Gasstatistik des DVGW Nr.:										
		15	25	30	35	41	51	15	25	30	35	41
		Gasabgabe je Einwohner im Jahr in m³						Größte stündliche Gasabgabe in Hundertteilen der Jahres-Abgabe				
		1893	1903	1908	1913	1919	1929	1893	1903	1908	1913	1919
a	b	c	d	e	f	g	h	k	l	m	n	o
I	Jahres-gasabgabe über $50 \cdot 10^6$ m³	61	—	152	184	168	154	0,06	0,047	0,05	0,04	0,037
II		71	83	105	112	146	141	0,05	0,049	0,04	0,04	—
III		40	60	78	104	122	121	0,06	0,052	—	—	0,052
IV		81	84	98	90	89	96	0,07	0,064	0,05	0,05	0,069
V		62	89	97	98	100	134	0,06	0,050	0,05	0,04	0,040
VI		41	36	56	71	80	82	0,07	0,063	0,05	0,04	0,042
VII	Jahresgas-abgabe 10 bis $50 \cdot 10^6$ m³	33	59	77	92	70	116	0,05	0,045	0,04	0,03	0,037[1]
VIII		47	52	56	56	62	72	0,06	0,049	0,05	0,04	0,056
IX		40	65	63	73	68	107	0,07	0,051	0,05	0,04	0,045
X		57	90	87	102	102	129	0,06	0,047	0,04	0,05	0,046
XI	Jahres-gasabgabe 1 bis $3 \cdot 10^6$ m³	—	—	59	65	72	62	0,05	—	0,04	—	0,054
XII		19	46	57	72	72	80	0,09	0,066	0,06	0,05	0,039
XIII		37	53	76	—	65	74	0,06	0,045	0,05	—	0,053
XIV		32	45	50	67	61	60	0,09	0,056	0,06	0,04	—
XV		—	45	56	75	78	101	—	—	0,07	0,05	0,064

[1]) 1928 = 0,031; 1929 = 0,033.

Wir sehen in Zahlentafel 3, daß neben stark steigender Entwicklung der Jahresgasabgabe meist abfallende Ziffern des höchsten, stündlichen Gasverbrauchs stehen, zeitweise auch umgekehrt. Diese Vergleiche sind in Zahlentafel 4 dargestellt.

Zahlentafel 4.

Lfd. Nr. aus Zahlentafel 3, Sp. a	Einwohnerzahl des Gasabgabebezirks 1913 in Tausend	Nr. der benutzten Gas-Statistik	Größte stündliche Gasabgabe in m³ nach Statistik, Sp. c	Veränderungen in Hundertteilen:		
				der Zahlen in Sp. b [1913] gegen 1903	der beiden Werte in Sp. d	der Gasabgabe[1]) je Einwohner nach Sp. c
a	b	c	d	e	f	g
I	2 255	30 / 35	160 132[2]) / 165 968[2])	+ 7,02	+ 3,64	+ 21,05
IV	630	30 / 41	21 430 / 38 780	+ 30,7	+ 89,00	— 9,18
VII	262	30 / 35	7 400 / 8 940	+ 34,6	+ 20,80	+ 19,50
X	133	30 / 35	5 520 / 6 400	+ 0,1	+ 14,10	+ 17,3
XI	40	30 / 41	944 / 1 556	—	+ 68,00	+ 22,0
XII	17	30 / 41	530 / 480	+ 33,3	— 10,00	+ 26,0
XIV	30	30 / 35	825 / 845	+ 23,4	+ 2,40	+ 34,0
XV	26	30 / 35	902 / 975	+ 15,5	+ 8,90	+ 34,0

[1]) Vgl. Zahlentafel 3, Sp. e u. f.

[2]) Für den »ganzen« Versorgungsbezirk aus Zahlentafel 3, Sp. e u. f und Sp. m u. n und Einwohnerzahl berechnet.

Auf die Bewegung der Ziffern von Zahlentafel 3 und 4 wirken zunächst alle diejenigen Umstände, welche auch sonst die Wirtschaftslage des Gasabgabegebietes bestimmen; daneben ist der Erfolg der Gaswerbung von Einfluß, der Übergang der Gasbeleuchtung auf Elektrizitätswerke, die Entwicklung der Haushaltsküche, der gewerblichen Gasfeuer und der Raumheizung mit Gas. Es ist natürlich ein Unterschied, ob in einem Gasversorgungsgebiet nur Gaskocher mit 1 bis 3 Brennern neben der Kohlenfeuerung in Gebrauch sind, oder ob große Wohngebiete nur mit Gasküchenherden, Wasserdurchlauferhitzern und Badeeinrichtungen ausgerüstet sind, wie weit die Raumheizung mit Gas verbreitet ist, ob sie lediglich als Aushilfsheizung oder als Zentralheizung (Sammelheizung) vorkommt. Für die Gruppierung des Küchengasverbrauchs ist es in ausgesprochenen Wohnstraßen von Wichtigkeit, ob die Wohnungsmieter des Bezirks vornehmlich unterbrochene Arbeitszeit mit langer Mittagspause oder sog. durchgehende Arbeitszeit bevorzugen, ob die geschilderten Einflüsse sich häufen oder sich zum Teil gegenseitig aufheben usw. Wir dürfen daher keine für alle Gebiete eines Versorgungsnetzes gültigen Beziehungen zwischen größtem, stündlichem Gasverbrauch und Jahresgasabgabe annehmen, erst recht nicht für Rohrnetze verschiedener Wirtschaftsgebiete. Für die Berechnung der Gasversorgungsleistung von Gasrohrleitungen sind allgemein gültige Maßzahlen nicht mehr zu gebrauchen [II 31 Bd. VI]. Damit kommen wir zum zweiten Kreis der Anforderungen moderner Gasrohrnetzplanung.

Zu A. II: Die ruhige Entwicklung vergangener Jahrzehnte, in welchen die Gasabgabe für Beleuchtung überwog, die damaligen hohen Gaspreise und die günstige Lage am Kapitalmarkt ließen es wohl zu, daß die Gasrohrnetze nach wenigen Faustzahlen [II 42 S. 691 u. II 21 S. 56, 65] sehr reichlich bemessen wurden. Jene Zeiten der Hochkonjunktur für Gründung kleiner und kleinster Gaswerke [I 10 (1a u. 1b)] dürfen nicht mehr Vorbild sein. In der Zeit der Intensivierung und Veredlung menschlicher Arbeitskraft, neben staatlich regulierter Einfuhr fester und flüssiger Energieträger eröffnen sich der Energiewirtschaft noch ungeahnte Aufgaben und Möglichkeiten. Fortan ist diejenige Rohrnetzanlage zweckmäßig, welche sich zwar dem Gegenwartsgasbedarf mit geringem Anlagekapital anpaßt, aber auch eine große Erweiterung des stündlichen höchsten Gasverbrauchs — z. B. in den kommenden 30 Jahren — mit wenig kostspieligen Zusatzeinrichtungen zu bewältigen vermag [II 18 S. 135]. Dann wird auch umgekehrt bei etwa rückläufiger Entwicklung eines Rohrnetzgebietes, z. B. bei Verlegung oder Minderbeschäftigung gewerblicher Anlagen, die verbleibende Jahresgasabgabe nicht mit unnötigem Kapitaldienst belastet. Geht es doch neben diesen speziell werkswirtschaftlichen Überlegungen der Gaspreisbildung auch noch um den Ruf der Nationalwirtschaft nach Kapitalbildung!

Zu A. III: Die moderne Wirtschaft entwickelte eine starke Verkehrssteigerung, welche noch längst nicht abgeschlossen ist. Der Kraftwagen mit seinem Raddruck und seiner eigenartigen Betriebsweise gebietet, mit der Verlegung unterirdischer Leitungen im Fahrdamm der Straßenkörper sehr zurückhaltend zu sein. Diese Leitungen werden jetzt unter die Fußgängerwege [II 31 Bd. VI S. 39], Reitwege u. dgl. verwiesen. Damit wird uns die Aufgabe gestellt, für weite Zeiträume den wachsenden Gasbedarf mit möglichst gleichbleibenden Straßenrohrquerschnitten zu bedienen.

B. Die Rechnungsgrundlagen für Beurteilung vorhandener Versorgungsrohrnetze oder für die Berechnung der Rohrquerschnitte neuer Leitungen können also in ein und demselben Versorgungsgebiet bei verschiedenem Wirtschaftsgefüge mehrerer Gasabgabebezirke durchaus verschieden sein. Es können solche Bezirke durch Bodenbeschaffenheit oder durch städtebauliche (baupolizeiliche) Bedingungen abgegrenzt sein, z. B. Wohnbezirke, Villenvororte, Industriegelände usw., Bezirke mit geschlossener, offener oder sonstwie gearteter »Bauweise«.

Die Verteilungshöchstleistung der Gasversorgung einer Stadt oder sonstigen Gemeinschaft von Gasverbrauchern (vgl. Zahlentafel 4, Sp. d) ist also eine Größe (von z. B. Q m³), welche nach Umfang und Zeitpunkt ihrer Geltung nur für die erforderliche Einrichtung der Verteilungszentrale selbst maßgeblich ist. Dahin gehören z. B. Verdampfer für Spiritus und/oder Tetralin, Gasmesser der Gaslieferung, Gastrocknungsanlagen usw.

Schon dann, wenn mehrere Stadtdruckregler mit mehreren Versorgungssträngen — z. B. in Abb. 12 drei — vorhanden sind, ist der Wert Q aus Spalte d der Zahlentafel 4 in mehrere Teilwerte

$$Q = Q_1 + Q_2 + Q_3 + \cdots Q_n$$

zu unterteilen.

Die Rohrnetzberechnung muß dann für ebensoviel Bezirke getrennt erfolgen. Dabei bleibt es natürlich hier eine Nebenfrage[20]), ob diese Bezirke so verbunden werden, daß sie einander ergänzen können, und ob man diese Rohrverbindungen dauernd offen läßt oder nach Bedarf öffnet.

B. I: Zur Ermittlung der Verteilungsleistung Q_n des einzelnen Versorgungsgebietes verfahren wir dann folgendermaßen: Zunächst scheiden wir aus der Liefermenge des zu berechnenden Rohrnetzbezirkes etwa vorhandene Großverbraucher aus. Nach dem Anschlußwert [II 24 u. 29] der Gasgeräte oder Gasfeuer dieser Unternehmungen und nach deren Beschäftigungsgrad bestimmen wir zunächst die stündliche Höchstlieferungsmenge q_x dieser Großverbraucher. Für die übrigen Kleinverbraucher bleibt dann die Höchstliefermenge $q_n = Q_n - q_x$. Wer in dieser Ermittlung als Großverbraucher gilt, richtet sich nach den Einheiten des Massenverbrauchs. Sind dort vornehmlich 3- und 5flammige Gasmesser[21]) angeschlossen, so mag schon ein 50flammiger Gasmesser

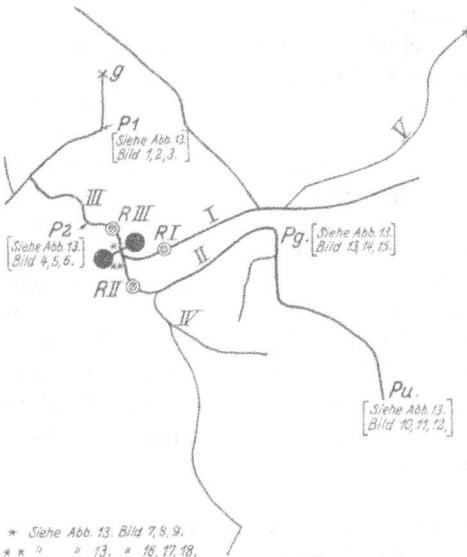

Abb. 12. Rohrnetz-Schema zu Kap. 4 B.

---

20) Vgl. S. 39 Abs. 5 u. 3. Kap. C I (Schlußsatz) S. 45) u. 5. Kap. Abschn. V.
21) Der eichgesetzliche Begriff „Gasmesserflamme" bedeutet 0,150 m³ Gasverbrauch je Stunde.

an einer Straße als Großverbraucher gelten; in einem anderen, anspruchsvolleren Bezirk ist es vielleicht erst ein 300 flammiger Gasmesser.

Alsdann berechnen wir für die einzelnen Bezirke die Anforderungen an Gasverbrauch nach der Bebauungsweise und erhalten so den Gasverbrauch je 100 lfd. m Straßenfront für jede Bauweise. In welchem Umfange nun und zu welcher Zeit für die einzelne Versorgungsleitung der stündliche Höchstverbrauch eintritt, ermitteln wir aus sorgfältiger Beobachtung der einzelnen Bezirke. Dazu dient an erster Stelle eine Anzahl schreibender Druckmesser, welche regelmäßig an bestimmten Stellen der Bezirke — in möglichst gleicher Höhe über dem Gelände z. B. an Laternen — aufgehängt werden und ihren Standort im Bezirk regelmäßig wechseln.

Aus dem Schaubild dieser Apparate erfährt man, ob die Gasverbraucher ihren Gasbedarf in ausreichendem Maße zugeführt erhalten; das ist dann und für solche Stunden nicht der Fall, wenn die Kurven des Druckschreibers die festgesetzte normale Druckhöhe am Eingang der Verbrauchergasmesser — sagen wir z. B. 60 mm WS[22]) — unterschreiten. Daher kann der Betriebsleiter an diesen Schaubildern auch nachprüfen, ob die Druckgebung am Druckregler der Gasverteilungsstelle (z. B. des Gaswerks) sachgemäß gehandhabt wurde. Dazu vergleicht er die Schaubilder der Bezirksdruckschreiber mit den Druckblättern des Druckschreibers am Druckreglerausgang. In schwierigen Fällen, z. B. bei Höhenunterschieden im Rohrnetz oder wenn wenige Großgasverbraucher den Kleinverbrauch der übrigen Gasabnehmer ohne Hausdruckregler überragen; dann kann man diese Überwachung noch dadurch vervollkommnen, daß man an den wichtigsten Rohrnetzpunkten Druckmesser mit Fernmeldung anordnet und durch Kabel die Druckgebung an diesen Bezirksreglern am Ort der zentralen Druckgebung oder an einer zweiten Überwachungsstelle sichtbar macht. Vergleicht man diese Schaubilder des Tages mit denjenigen der sechs anderen Wochentage und ferner Druckblätter mit auffallenden Spitzen oder Tälern ihrer Kurven mit denjenigen der entsprechenden Monate und Wochentage der Vorjahre, so erhält man zahlreiche Aufklärungen über die Eigenart der verschiedenen Gasverbrauchergruppen, über Schwankungen ihres Gasbedarfs, über die tatsächliche Beanspruchung der verschiedenen Zweige des Rohrnetzes u. a. m. Bei dem Vergleich kommt es also nicht auf die Druckblätter gleicher Kalendertage an, sondern auf die in zwei Jahren einander entsprechenden Verbrauchswandlungen einer Woche, eines Monats od. dgl. Besonders sind hierbei »nicht feststehende« Festtage zu beachten! Z. B. entspricht hier Sonnabend, der 14. IV. 1934, nicht dem 14. IV. 1933. Dieser Tag ist ein »Freitag« in der Woche

---

[22]) Vgl. 47 Abschn. C I.

seines Jahres und sogar Karfreitag. Das gewöhnliche Wochenende des 14. IV. 1934 wird also auch nicht dem Sonnabend, dem 15. IV. 1933, vergleichbar sein; allenfalls wäre das Sonnabend, der 8. IV. 1933; dabei ist aber auch die Verbrauchskurve der 14 Tage vom 8. IV. bis 22. IV. kritisch zu beobachten. An Hand dieser Vergleichsergebnisse und in Verbindung mit der Gasverbrauchsstatistik kann man nunmehr auf unzureichende Verteilungsleistung einzelner Versorgungsleitungen oder auf die Nutzbarmachung unterbelasteter Rohrleitungen für benachbarte, stark beanspruchte Gebiete wertvolle, sichere Schlüsse ziehen.

B. II: Abb. 13 zeigt uns beispielsweise 18 Druckbilder der Bezirke II und III unserer Abb. 12. Es sind die Kurven der Laternendruckgebung der Übersichtlichkeit wegen fortgelassen. Angenommen man verlangte vor dem Gasmesser der Gasverbraucher 60 mm WS. Der Druckschreiber des Punktes P_1 Bezirk III zeigte z. B. drei verschiedene Druckbilder

»1«   »2«   »3«

an einem   Sonnabend, Sonntag, Montag,

dann sagen uns die Einsenkungen der Bilder unter der 60-mm-Linie:

1. Am Sonnabend versagt die Druckgebung zwischen 14,00^h und 17,00^h,
2. am Sonntag zwischen 12,00^h und 15,30^h,
3. am Montag bleiben diese Mängel aus.

Der Druckschreiber bei P_2 desselben Bezirks III zeigte an denselben Tagen die Bilder . . . . »4« »5« »6« und der Gaswerksdruckregler R III die Schaubilder »7« »8« »9«. Die Verbraucher des Punktes P_2 haben also unter »zu hohem« Druck gelitten! Das bedeutet Rußbildung in Wassererhitzern (Badeöfen) mit leuchtender Flamme, Gefährdung des Brat- und Backgutes in Bratöfen, Überheizung kleiner Räume ohne Temperaturregler und Gefährdung der Werkstücke in Gewerbefeuern! Das Sonntagsdruckbild R III zeigt ferner, daß selbst die zu niedrige Druckgebung bei P_1 nur möglich war, solange ein Gasbehälterdruck von 200 mm WS, also ein gefüllter, dreihübiger Gasbehälter zur Verfügung stand! Dagegen genügte bei Regler R II am Versorgungsbezirk II der Abb. 12 wenig mehr als der Druck »einer« Gasbehälterglocke — vgl. Schaubilder 16, 17, 18 —, um noch an der ungünstigsten Stelle P_u (Abb. 12) die brauchbaren Schaubilder 10, 11, 12 zu gewährleisten. Hier ist am Sonnabend zwischen 15,00^h und 17,00^h nur eine unerhebliche Drucksenkung zu bemerken. Am Sonntag sieht man in Schaubild 14 Punkt P_g (Abb. 12) nur eine, wenn auch für diesen günstigsten Punkt überflüssige, große Drucksteigerung. Das Sonnabend- und Montagmaximum des Verbrauchs liegt hier zwischen 16,00^h und 18,00^h (und in der Woche!) gegen 12,00^h und 14,30^h

am Sonntag im Revier R III. Aus allen diesen Beobachtungen unserer
Schaubilder folgern wir:

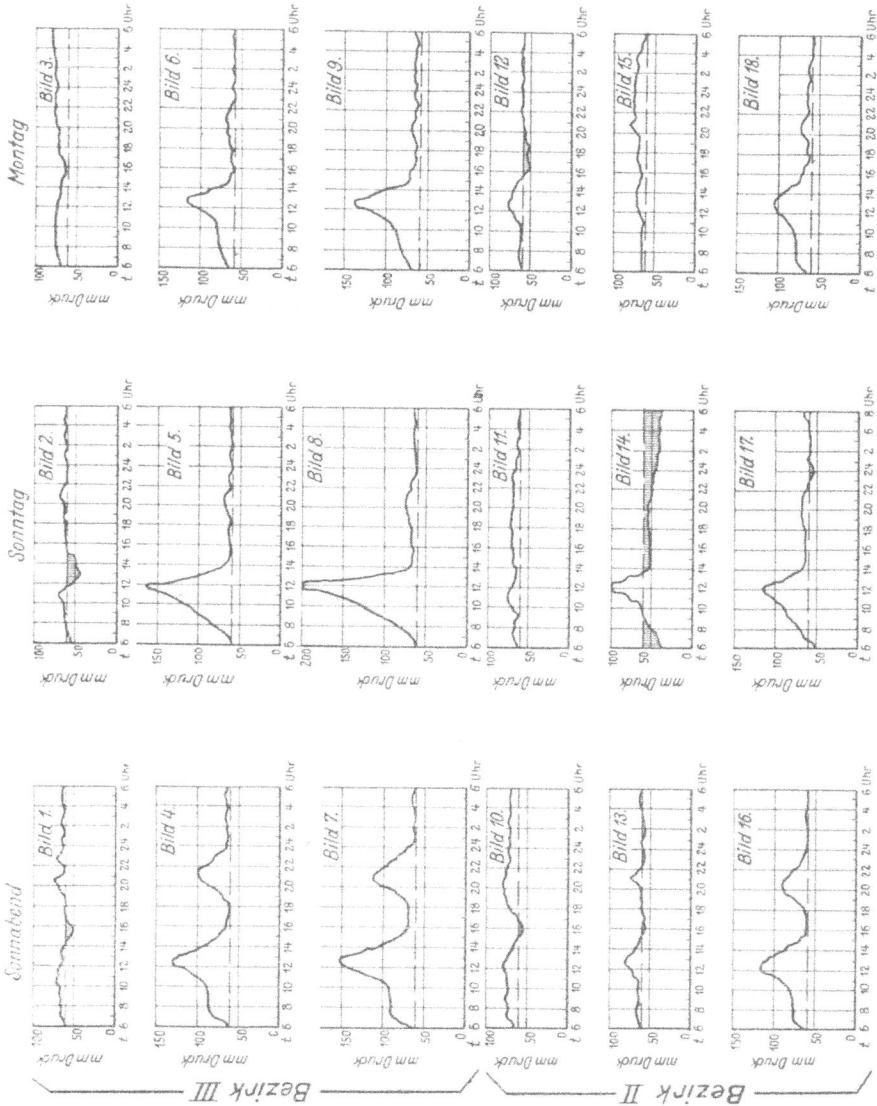

Abb. 13. Gasdruck-Schaubilder für Rohrnetz Abb. 12.

1. Die Lieferungsleistung je Stunde des Rohrnetzes III (Abb. 12)
   ist vornehmlich durch den Küchenverbrauch bestimmt und ist
   am Sonntag am höchsten.

5*

2. Im Rohrnetz II ist der Küchenverbrauch von geringerem Einfluß.

3. Die Zeiten des höchsten Stundenverbrauchs in R II lassen darauf schließen, daß es sich hier vornehmlich um kleingewerblichen Verbrauch — Ladenheizung, Werkstättenverbrauch des Handwerks und Reste von Gasbeleuchtung — handelt.

Jetzt stellen wir neben die Schaubilder der Abb. 13 noch Abb. 14 mit Druckbildern

1. vom Tage des höchsten Stundengasverbrauchs der ganzen Stadt (Bezirke I, II, III und IV zusammengenommen) (25. XII.),

2. vom Tage der höchsten Tagesgasabgabe des Jahres auf die ganze Stadt bezogen (22. XII.),

3. vom Sonntag der höchsten Stundengasabgabe, im Monat der höchsten Tagesgasabgabe der ganzen Stadt (16. XII.).

Der Druck am Regler R II und R III und der stündliche Gesamtgasverbrauch der Stadt sind in jedem Druckbild kenntlich gemacht worden. Aus dieser Nebeneinanderstellung sehen wir, daß der Küchengasverbrauch auch für die Stadt die höchste, stündliche Gasabgabe bestimmt. Es erübrigt sich, besonders zu betonen, daß der Tag der höchsten Stundengasabgabe ein anderer Kalendertag ist als der Tag der größten Tagesgasabgabe. In der Stadt unserer Beispiele Abb. 13 und 14 lag der

höchste Gasverbrauch (9820 m³) in den Stunden von 12,00ʰ bis 13,00ʰ des 25. Dezember bei 98700 m³ »Tages«-Gasabgabe,
die höchste »Tages«-Gasabgabe von 133200 m³ drei Tage früher an einem Sonnabend mit nur 8650 m³ höchster Stundengasabgabe.

Und nun noch ein Beispiel von dem überragenden Stundengasverbrauch eines Großabnehmers für die Berechnung des Rohrquerschnitts:

In einem Arbeiterwohnviertel mit alter Geschäftsstraße zeigen die Druckschaubilder das Maximum in den frühen Vormittagsstunden, die Sonntagsspitze anderer Stadtteile bleibt aus. Dagegen gibt das Schaubild am Ende der in eine Provinzialchaussee ausmündenden Verkehrsstraße am Stadtrand — Ende der Leitung V (Abb. 12) — an sieben Tagen der Woche gleichmäßige Höchstbeanspruchung; der Wohnungsküchengasverbrauch kommt also gegenüber dem Stundenverbrauch in der Zeit des Hauptbetriebes (frühe Vormittagsstunden) einer Großküche [23] gar nicht zur Geltung. Hier kann man also ganz einfach aus dem abgelesenen Monatsgasverbrauch der Großküche und deren Benutzungsdauer die stündliche Höchstbelastung ermitteln. Für die Berechnung eines neuen Rohrstranges des gleichartigen Versorgungsgebietes würde lediglich an die Stelle des abgelesenen Monatsgasverbrauchs der Anschlußwert der Großküche zu nehmen sein.

---

[23] am Ende der Leitung V!

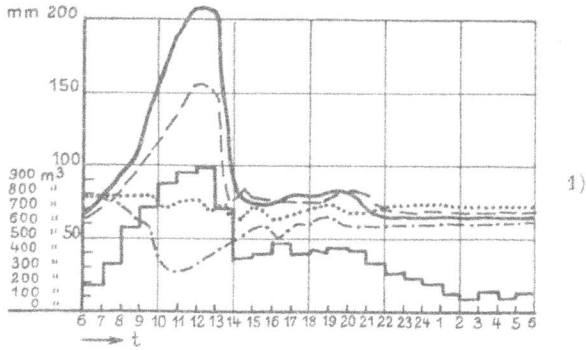

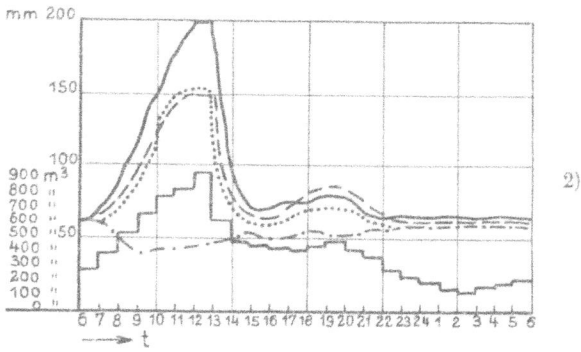

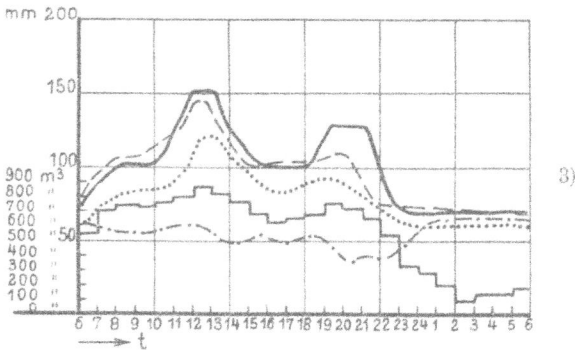

Zeichenerklärung.

———————— *Druck am Regler für Rohrstrang III*
— — — — — » » » » » *II*
················· » *am Punkt d. geringsten Druckverlustes, Rohrstrang III*
—·—·—·—·— » » » » *größten* » » *III*
~~~~~~ *Gasabgabe der ganzen Stadt.*

1) Tag der höchsten Stundengasabgabe des Jahres (25. XII.)
2) Tag der höchsten Tagesgasabgabe des Jahres (22. XII.)
3) Sonntag mit höchster Stundengasabgabe, im Monat der höchsten Tagesgasabgabe (16. XII.)

Abb. 14.

Wird nun eine neue Siedlung oder ein neuer Gewerbebetrieb am Stadtrande zum Anlaß, die Mitbenutzung der erörterten Rohrleitung zu erwägen, so ist der Tatbestand einfach der, daß ein Verbrauch bis zur Höchstbelastung der Großküche, sofern er mit deren Hauptbetriebsstunden nicht zusammenfällt, keine Verstärkung der Gasrohrleistung unserer Verkehrsstraße V verlangen würde.

So gibt ein Vergleich der Druckbilder verschiedener Straßen mit verschiedenem Wirtschaftsgefüge und verschiedener Bauweise mit dem Druckbild der Verteilungsstelle (Gaswerk, Gasbehälterstation usw.) den sicheren Hinweis auf die Ermittlung stündlicher Höchstbelastung (Verteilungsleistung) je 100 lfd. m Straßenrohr.

Solche Berechnungen am »vorhandenen« Rohrnetz bilden dann auch die Grundlage für neue Rohrnetze derselben Landschaft mit gleichem oder ähnlichem Wirtschaftsgefüge, also für den Gasbedarf der Bevölkerung gleicher Lebenshaltung.

Der Bebauungsplan einer Neusiedlung gibt die Zahl der Grundstücke und läßt auch die »Bestimmung« des Geländes erkennen. Daraus folgt die Zahl der Gasmesser und nach den »Anschlußwerten« der zu erwartenden Gewerbefeuer [I 11], Gasheizungen [I 6 (1 a)] und der Haushaltküchen [II 24 S. 17 Zif. 4], [II 29 S. 29, 32, 35, 38, 41, 57] der höchste stündliche Gasbedarf, also die verlangte Verteilungsleistung. Für den weiteren Verlauf der praktischen Berechnung diene folgendes:

C. Die Rechnungsmethode wollen wir an Hand des Rohrnetzplanes Abb. 15 erläutern:

Nach unseren Überlegungen in Abschnitt A und B bedarf es keiner Lehrsätze mehr.

Neuerdings steht der Gasfachmann vornehmlich vor der Aufgabe.

Unzulänglichkeiten vorhandener Rohrleitungen zu beheben, wachsende Ansprüche an Gasbedarf des Versorgungsgebietes mit geringstem Kapitalaufwand zu befriedigen,
weniger
vor dem Rohranschluß und der Rohrnetzberechnung bisher unversorgter Bevölkerungsgebiete.

Beide Aufgaben unterscheiden sich nur dadurch, daß wir in ersterem Falle die Rechnungsgrundlagen vor uns liegen haben. Nur diese sind maßgebend und darum aus sorgfältigen Untersuchungen zu ermitteln.

Im anderen Falle müssen wir diese Rechnungsgrundlagen suchen. Hier lehnt es der moderne Gasfachmann ab, sich blindlings fester Maßzahlen [II 21 S. 1 u. S. 55/56] zu bedienen. Eine derartige Lösung seiner Aufgabe könnte ihn schwer enttäuschen. Er würde technische Unzulänglichkeit des Geschaffenen und/oder eine unzeitgemäß hohe Bemessung des Anlagekapitals — infolge verschwenderisch großer Rohrdurchmesser — erleben. Maßzahlen, wie sie vielleicht die Sp. c bis h oder k bis o unserer Zahlentafel 3 zu geben scheinen, können zwar gute Dienste bei der Nachprüfung des Errechneten leisten; aber schon die Verschiedenartigkeit der Entwicklung dieser Zahlen in den 15 Zeilen der Zahlentafel 3 muß davor warnen, sie als einzige Rechnungsgrundlage zu benutzen.

Vor der »Neu«-Versorgung eines Bevölkerungsgebietes oder eines erst zu besiedelnden, geplanten Wirtschaftsraumes hat der planende Fachmann Bauweise, Lebenszweck und Wirtschaftsgefüge für seine Aufgabe zu erforschen und aus diesen Feststellungen und ihrem Vergleich mit schon bekannten, ähnlichen Vorkommnissen das für ihn Erforderliche zu ermitteln.

Daher geben wir grundsätzlich die Regeln zur Lösung »beider« Aufgaben in der Form, daß wir lediglich das eigenartige Beispiel unserer Abb. 15 ausführlich behandeln:

C. I: Die Gasbehälterstation G unserer Abb. 15 versorgt zwei Siedlungsgebiete W und NW, welche durch den Linienzug I, II, III, IV, V, VI, VII, VIII, IX voneinander abgegrenzt sind. Das Gebiet W am oberen Rande eines gewerblich besiedelten Flußtales gelegen, war vor etwa 30 Jahren — früher Ackerland — als Villenvorort »aufgeschlossen« worden.

Das Gelände NW — früher Landgemeinde am Rande einer aufblühenden Großstadt — war eine Mischung bäuerlicher, gärtnerischer, gewerblicher Siedlungen und mit Grundstücken großstädtischer Geländespekulation, sowie des gemeinnützigen Wohnungsbaues durchsetzt. Hier entwickelte sich eine Bauweise, in welcher sowohl die großstädtische Straße mit Reihenhäusern, der geschlossene, für sich freistehende »Baublock«, die offene Bauweise mit Mehrfamilienhäusern, das Einfamilienhaus, ein Stadtviertel öffentlicher Gebäude, daneben aber auch Industriegelände zu finden sind. Beide so sehr verschiedenen Wohngebiete — W und NW — erfuhren das gemeinsame Schicksal: Der Krieg brach ihre planmäßige Entwicklung ab; in der ersten Nachkriegszeit besiedelte der gemeinnützige Wohnungsbau große Flächen; die landhausmäßige Bauweise verschwand fast ganz, um erst in jüngster Zeit wieder als kleine Ein- oder Zweifamiliensiedlung zu erscheinen.

An dieser städtebaulichen Entwicklung findet unsere Aufgabe ein Schulbeispiel für Rohrnetzerweiterung und Gasversorgungsneubau:

Der erste Rohrnetzplan des Versorgungsgebietes W und großer Teile von NW erhielt bei der Mehrzahl seiner Straßen und ihrer planmäßig dünnen Bebauung den Rohrdurchmesser, welcher damals aus betriebstechnischen Gründen als der zulässig kleinste galt (80 mm Dmr.). Nur wenige Versorgungsstrecken der Hauptverkehrsstraßen wie z. B. a, b, c, d, e, f oder f, h oder k, h oder l, m bekamen größere Durchmesser, deren Verteilungsleistung damals für absehbare Zeit und auch

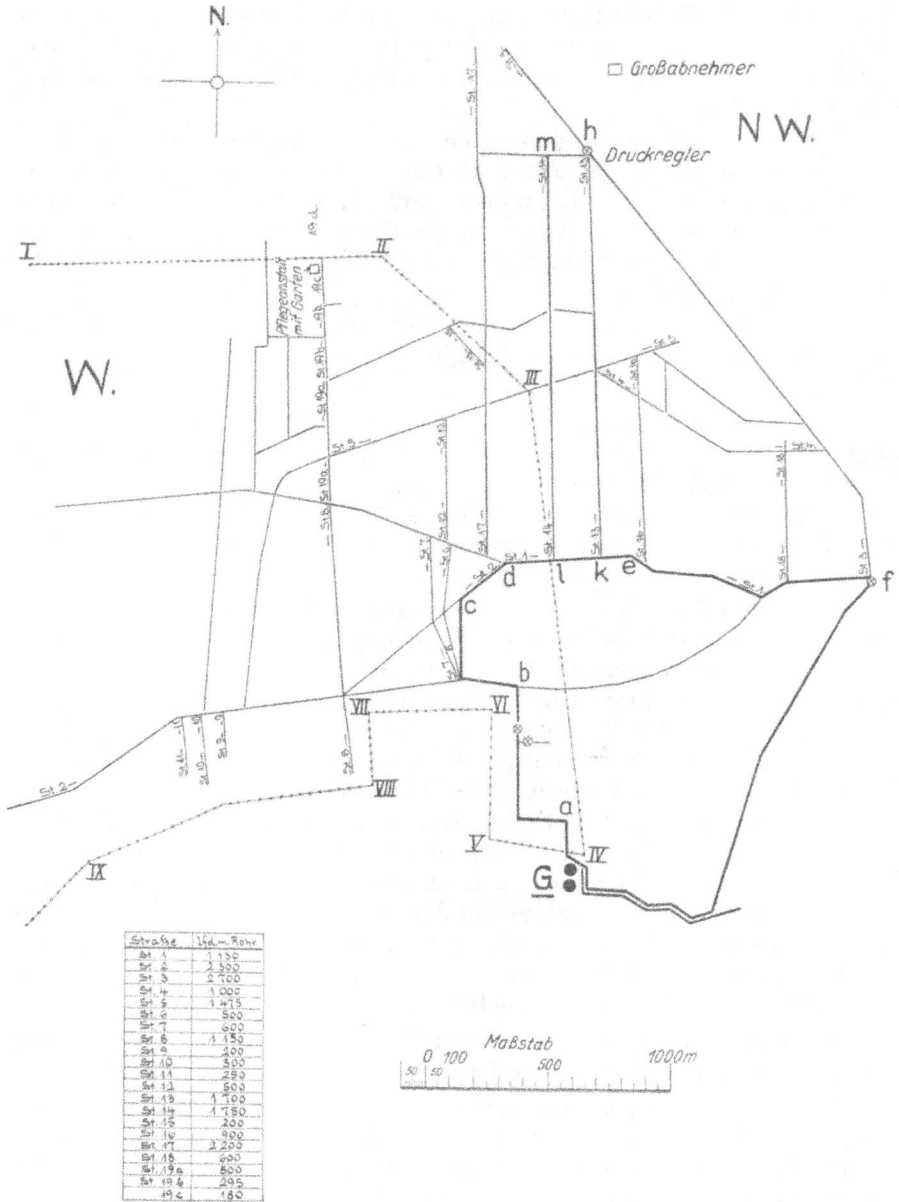

Abb. 15. Rohrnetz-Beispiel für 4. Kap. C.

zur Mitversorgung der Randgebiete als ausreichend erschien. Soweit diese Straßen Reitwege, Promenaden mit Baumpflanzungen oder Straßenbahngleise hatten oder erhalten sollten, wurden die Fußgängerwege zu beiden Seiten der Straße mit Rohr belegt; auf der einen Seite wurde der große Versorgungsquerschnitt, auf der anderen ein entsprechend kleinerer Rohrdurchmesser — mindestens 80 mm — verlegt. In schmalen Straßen wurden für je zwei bis drei Grundstücke starke Zuleitungen von dem Hauptrohr auf der einen Straßenseite nach dem Fußgängerweg der anderen Straßenseite verlegt und hier in der üblichen Weise für jedes Haus mit 40 mm oder 52 mm Lichtweite gegabelt.

Nach 25 Jahren hatten diese Straßen einen Gasbedarf, welcher bei den verschiedenen Straßentypen sehr verschiedene Gasverteilungsbelastungen des Hauptrohres gezeitigt hat. Es ist der Zeitpunkt der Druckbilder Abb. 13, Abschnitt B II. Um darüber einen Überblick zu gewinnen, sind in der Zahlentafel 5 die Merkmale der Verteilungsleistung für 19 Straßentypen zusammengestellt.

In den Spalten e, k, m, der Zahlentafel 5 finden wir alle Stadtbilder charakteristischen Gasverkaufs von der kleinen Landstadt an (vgl. Zeile 10 bis 12, Zahlentafel 5) über Industriewohnviertel (vgl. Zeile 9, 13 und 19 a. a. O.) bis zur Großstadtsiedlung aller Wirtschafts- und Gesellschaftsschichten der Gasverbraucher. Was ist hier »normal«, was Einheit? Ziel der Gasbedarfsermittlung ist die Berechnung der höchsten Belastung des Straßenhauptrohres, d. h. die »Verteilungsleistung«. Daher ist uns der Gasverbrauch der am häufigsten wiederkehrenden Hauswirtschaft in ihrer größten Verdichtung — auf 100 lfd. m bebautes Rohr gerechnet — eine »maßgebliche« Einheit. Wir enthalten uns bewußt jeder kritischen Entscheidung, ob diese »Einheit« in irgendeinem Sinne »normal«, d. h. wünschenswerter Maßstab sein darf; wir wollen sie lediglich als Wirklichkeitsbild brauchen.

Nach der Wirtschaftsstatistik vor Beginn der gegenwärtigen Wirtschaftskrise [II 25 u. 43] betrug das jährliche Arbeitseinkommen von neun Zehnteln aller erwerbstätigen Deutschen weniger als RM. 2400. Hiernach liegt die am häufigsten vorkommende Einzelwirtschaft des Gasbedarfs in Wohnungen von unter etwa RM. 600 jährlicher Miete, also bei den Wohnungen von drei und weniger heizbaren Räumen (Zimmern). Zu einem Versuch der Gruppierung der Gasbedarfsziffern unserer Versuchsstraßen gehen wir daher von den Zahlen der Zeile (Straße) 13 aus. Dabei ist uns die Ziffer »323« in Sp. m eine maßgebende Richtzahl. Die Bauweise der Straße »13« (vgl. Sp. b) kommt trotz ihrer »offenen« Bauweise dem am meisten nahe, was man für Mittelstädte und Kleinstädte in den angeführten [II 21, 31, 42] Handbüchern als »normale« Gasbedarfsgegend bezeichnete. Zur Ermittlung der Gasverteilungsleistung geplanter Gasrohrnetze und zur Nachprüfung der Leistungsfähigkeit vorhandener Gasversorgung verfuhr man dort derart, daß man den Gas-

Zahlentafel 5.

Lfd. Nummer (a)	Bezeichnung der Straßenart, Bauweise, Wirtschaftsgefüge und sonstige Einflüsse auf den Gasbedarf (b)	Gasmesser in der Straße Stückzahl (c)	Gasmesser in der Straße Flammenzahl (d)	Gasmesser-Flammenzahl i. M. (e)	Grundstücks-Nr. der Straße (f)	davon unbebaut (g)	bebaut vom Hundert (h)	Gasmess.-Stückzahl je bebaute Grundst.-Nrn. (k)	Länge der Straße in m (l)	Gasm.-Flam.-Zahl je bebaute 100 lfd. m Hauptr. (m)	Gasverbrauch der Straße im Jahr (m³) (n)	Jahres-Gasverbrauch je Gasmesser (o) m³	Jahres-Gasverbrauch je Gasmesser-Flamme (p) m³	Jahres-Gasverbrauch je lfd. m bebauten Hauptrohres (q) m³	(a)
1	Alte Hauptstraße mit Durchgangsverkehr durch die Stadt, Straßenbahn, mehrgeschossige Reihenhaus vorherrschend	284	3926	14	84	11	87	3,9	1130	400	332074	1168	85	338	1
2	Verlängerung der Straße »1«; erst vor 30 Jahren als Hauptstraße eines »Villen«-Vorortes geplant und demgemäß »offen« bebaut	91	1109	12	110	53	52	1,6	2300	93	53395	587	48	44	2
3	Vor 30 Jahren noch Vorort-Chaussee; Geschäftsstraße mit Straßenbahn, mehrgeschossigen Reihenhäusern, Gewerbe-Grundstücke dazwischen	295	5965	20	129	38	71	3,2	2700	311	188072	640	32	97	3
4	Frühere Vorort-Hauptstraße; Straßenbahn, Läden, öffentliche Gebäude; mehrgeschossige »offene« Bebauung	314	2978	9	59	6	90	5,9	1000	330	155835	500	52	173	4
5	Haupt-Verkehrsstraße mit Straßenbahn, Läden. Überwiegend mehrgeschossige Reihenhäuser	108	1755	16	26	12	54	7,7	1475	220	59652	552	34	74	5
6	Querstraßen zu Nr. 2 auf hochgelegenem Gelände } Wohnstraßen Landhausmäßig bebaut, dahinter Gärten	16	202	12	25	8	68	0,9	500	60	13715	857	68	40	6
7	am Rande eines industriell bebauten Flußtales	30	533	17	39	7	82	1,0	600	108	27506	917	52	56	7
8	dahinter Gärten	40	774	19	48	5	90	1,0	1150	75	39194	980	51	38	8
9a	mit 1 und 1½ Zimmer-Wohnungen } Mehrgeschossige Reihenhäuser, hinter einer Straßenfront ein Wohnblock in Hufeisenform (vgl. Nr. 6 bis 8)	320	1340	4,2	39	—	100	8,2	200	670	61494	192	46	307	9a
9	an d. Böschung des Industrie-Geländes	—	—	—	Nummern mit Buchstaben		100	—	—	—	—	—	—	—	9
9b		—	—	—	—	—	—	—	—	—	—	—	—	—	9b
10	Ausschließlich »Wohnstraße«; auf einer Seite Reihenhäuser mit je 1 Wohnung von 3 und 4 Zimmern, auf der anderen Seite je 4 Wohnungen von 2 und 3 Zimmern	54	290	5	35	9	74	2,1	300	130	21652	401	75	97	10

Nr.	Bezeichnung														Nr.
11	Gartenstadt; »offene« Bauweise: Häuser mit 1- und 2-Familien-Wohnungen »mittlerer« Größe und Wirtschaftslage	13	181	14	11	—	100	1,2	250	72	5049	388	27	20	11
12	»Offene« Bauweise; 6- und Mehr-Familienhäuser mit je 4 bis 6 Zimmern	185	2135	11	35	10	71	7,4	500	600	92440	500	43	260	12
13	»Offene« Bauweise; Mehr-Familienhäuser mit Wohnungen mittlerer Größe, dazwischen gewerblich genutzte Grundstücke und 1 Wohnblock für 2- bis 3-Zimmer-Wohnungen	1022	5038	5	89	8	91	12,6	1700	323	316116	309	62	204	13
14	»Offene« Bauweise, Mehr-Familienhäuser für Wohnungen mittlerer Größe, dazwischen öffentliche Gebäude	710	5259	7	105	12	89	7,6	1750	337	246989	348	47	157	14
15	Reihenhäuser für 4 bis 6 Familien mit Wohnungen von 2 bis 3 Zimmern	146	975	7	37	14	62	6,4	200	785	40111	270	41	323	15
16	»Offene« Bauweise; Mehr-Familienhäuser für Wohnungen mittlerer Größe und gewerbliche Grundstücke	518	3273	6	62	9	85	9,8	900	427	155233	300	48	200	16
17	Mehrgeschossige Reihenhäuser mit »mittleren« Wohnungen (3 bis 4 Zimmer)	369	5102	14	47	9	80	10,0	2200	295	151539	411	30	87	17
18	Mehrgeschossige Reihenhäuser, öffentliche Gebäude, 1 Wohnblock mit mittleren Wohnungen	138	2070	15	46	21	54	5,5	600	640	56188	407	27	172	18
19*)	Vier verschiedene Gruppen 19a, 19b, 19b₁, 19c und eine Pflegeanstalt (5 Grundstücks-Nr.)	147	1452	9,8	100	53	47	3,0	975	577	51027	347	35	52	19
19a	Reihenhäuser (mehrgeschossig) mit Wohnungen von je 2 bis 4 Zimmern usw.	67	973	15	38	28	26	6,7	500	748	22100	330	23	44	19a
19b	»Offene« Bauweise (Westseite) zweigeschossige Mehr-Familienhäuser, Wohnungen je 2 bis 3 Zimmer	20	100	5	4	—	100	5,0	100	⎱200	12600	315	63	126	19b
19b	Reihenhäuser für je 1 Familie, Wohnungen von je 3½ Zimmern	20	100	5	20	—	100	1,0	100	⎰					
19b₁	»Offene« Bauweise, wie Nr. 19b (Westseite), (Verlängerung)	39	199	5	8	—	100	5,0	195	100	12548	321	63	64	19b₁
19c	Pflege-Anstalt (5 Hausnummern)	1	80	80	30	25	17	1,0	—	—	3779	3779	47	—	19c
19d	Gärtner-Siedlungen; ohne Gasversorgung														

Verlängerung der Straße 19

*) Vgl. Abb. 19.

bedarf je Stunde und 100 lfd. m Straßenfront nach dem Wirtschaftsgefüge des Versorgungsgebietes abschätzte. In ähnlichem Zusammenhang sagt Richard F. Starke, Essen [II 44] mit abgeklärtem Humor:

> Die Praxis konnte nicht warten, bis die Forschung das Ziel erreicht hatte; die Entwicklung der technischen Rohrleitung zwang zu Bauten auch dann, wenn nicht alle Vorbedingungen von Rechnungen gegeben waren. Sie mußte sich auch Hilfsmittel in Form von Formelwerk schaffen und war (damals d. V.!) nicht unfroh, wenn die Lieferfähigkeit größer war als die Kalkulation.

A. Schäfer gibt eine solche Tafel 1907 [II 42]; P. Brinkhaus bringt sie 1913 in etwas veränderter Form in Anlehnung an den Kalender für das Gas und Wasserfach [II 21], und Kern verwendet die Schäfersche Tafel 1917 auch in Bd. VI des Handbuchs für Gastechnik [II 31]. A. Schäfer behandelt in der 4. Auflage seines Handbuchs 1929 das Rohrnetz und die Frage des Gasbedarfs gar nicht; er verweist auf die bis dahin erschienenen Handbücher.

Nach Brinkhaus a. a. O. S. 55 Gleichung (40) ist die stündliche Verteilungsleistung einer Straße $q_x = S_e \cdot n_e$. Darin bedeutet S_e den höchsten Stundengasverbrauch je Einwohner und n_e die Einwohnerzahl je lfd. m Straßenlänge einer »normalen Wohngegend«. Für eine Straße von anders geartetem Wirtschaftsgefüge wurde ein Vielfaches oder ein Teil von q_x gerechnet. Für $x = 1$ gibt A. Schäfer 4 bis 5 m³ je lfd. m Straßenfront an, das kommt der Angabe Brinkhaus $q_x = 9$ m³ je lfd. m Straßenlänge gleich. Für unser Beispiel-Rohrnetz ist $S_e = 0{,}033$ und $n_e = 6{,}3$ demgemäß: $q_x = 0{,}033 \cdot 6{,}3 \cdot 100 = 20{,}79$ m³ je 100 lfd. m Straßenlänge und Stunde. Mit $x = 1$ beginnend geben wir die Zahlentafel 7 der angeführten Quellen in folgender Form:

Zahlentafel 6.

Gruppe	Charakter der Gegend	i. M. $x =$	$q_e = \mathrm{m}^3$ rd.
A (5) [24]	Normale Wohngegend	1,00	21
B (4)	Gute Wohngegend.	1,25	26
C (3)	Normale Geschäftsgegend	1,70	35
D (2)	Gute Geschäftsgegend	2,40	50
E (1)	Beste Geschäftsgegend.	2,80	58
F (6)	Wohngegend mit Arbeiterbevölkerung	0,50	10
G (7)	Unausgesprochene Gegend	0,40	8

Unsere Zahlenreihen in Zahlentafel 5 lassen keinerlei ähnliche Gruppierung der Straßentypen erkennen. Der Einfluß des Wirtschaftsgefüges unserer 18 Beispielstraßen liegt nach Spalte m der Zahlentafel 5 in

---

[24] Die eingeklammerten Ziffern geben die Reihenfolge der Gruppen bei A. Schäfer und bei Brinkhaus a. a. O. S. 56, Zahlentafel 7.

dem Anschlußwert der Haushaltsküchen und
der Lebenshaltung der Wohnungsmieter;
dafür ist allenfalls die Wohnungsgröße ein Maßstab.

Wir gruppieren daher unsere Beispielstraßen nach Zahlentafel 7.

Zahlentafel 7.

Gruppe	Bauweise der Straße	Straßen-Nr. in Zahlentafel 5
I	Gemischte Bauweise; Häuser mit und ohne Läden, Wohnungen mit 2 bis 3 sowie 4 und mehr Zimmern; dazwischen gewerblich genutzte Grundstücke. Hauptstraßentyp kleiner und mittlerer Städte ohne Straßenbahn	13 und 16
II	»Offene« und »geschlossene« Bauweise (Reihenhäuser); Mehrfamilienhäuser mit Wohnungen von 4 und mehr Zimmern; Läden.	12, 14. 17. 18
III	»Offene« und »geschlossene« Bauweise mit Mehrfamilienhäusern (auch Blocks) von 4 und weniger Zimmern . .	10 und 15
IV	Blocks und Reihenhäuser mit Arbeiterwohnungen von 1 und 1½ Zimmern nebst besonderer Küche	9
V	Offene Bauweise mit Gärten (Landhaustyp)[25]	2, 6, 7, 8, 11
VI	Haupt-(Geschäfts-)Straße mit Straßenbahn, gemischte Bauweise	1, 3, 4, 5
VII	Sonderfälle	19

C. II: Um zur Ermittlung der Gasverteilungsleistung eine zeitgemäße Methode zu finden, untersuchen wir nunmehr nach Zahlentafel 5 die Verteilungsleistung unserer Beispielstraßen, und zwar zuerst den Straßenbautyp der Str. »13«. Dabei bilden wir nach Zahlentafel 5 Sp. e drei Gruppen:

1. die Straßen mit Haushaltungen bis i. M. je 3, 4 und 5 Gasmesserflammen[26]) (Straße 9, 10, 13),
2. solche mit über 5 bis 10 Gasmesserflammen (4, 14, 15, 16),
3. über 10 Gasmesserflammen (1, 2, 3, 5, 6, 7, 8, 11, 12, 17, 18).

Nach der Statistik des Stadtgebietes, welchem unsere Abb. 15 entnommen wurde (Zahlentafel 3, Zeile VII), ist die Einwohnerziffer der Straße 13, Zahlentafel 5, zur Zeit unserer Betrachtung etwa 6,3 je lfd. m Straße. Nach Sp. h, Zeile VII a. a. O. ist dann die Jahresgasabgabe der Straße 13:

Gl. (1) $6{,}3 \cdot 100 \cdot 116$ [II 21 S. 51 ff.] = **73080** m³ für 100 lfd. m Hauptrohr.

Jetzt liegt die Versuchung nahe, nunmehr gemäß Zahlentafel 3 Sp. o, aber mit dem der Sp. h entsprechenden Werte[27]) (= 0,033%)

---

[25]) Mit Durchgangs-Straßenbahnstrecke.
[26]) Der eichgesetzliche Begriff »Gasmesserflamme« bedeutet 0,150 m³ Stundenverbrauch.
[27]) Fehlt in der 51. Gas-St.

die erforderliche Verteilungsleistung unserer Straße 13 zu berechnen. Dann wäre

Gl. (2) $\quad q_{mx} = 0,033 \cdot \dfrac{73080}{100} = 24,12$ m³ je 100 lfd. m Straßenrohr und Stunde.

Dabei würde man aber den Fehler machen, daß der Wert »116« in Sp. h, a. a. O. alle Verbrauchsgruppen der Gesamtgasabgabe des Werkes umfaßt, während unsere Straße 13 nur einige davon versorgt; z. B. fehlen in Straße 13 Großküchen, Raumheizung, Kirchenheizung u. a. m.

Man könnte sich aber auch der Ziffern in Sp. m und e bedienen, wenn man den Wert $\dfrac{\text{Spalte m}}{\text{Spalte e}}$ als Gasmesserzahl der Straße ansieht und den durchschnittlichen Jahresgasmesserverbrauch gleich dem Quotient $\dfrac{\text{Höchstverbrauch des Gaswerks je Stunde}}{\text{Gasmesserziffer für Küchenverbrauch}} = 0,38$

setzt. Dann wäre die Gasverteilungsleistung des Straßenrohres »13«

Gl. (3) $\quad q_{13a} = \dfrac{323}{5} \cdot 0,38 = 24,55$ m³.

Aus der Gaswerksstatistik unseres Beispiel-Rohrnetzes entnehmen wir ferner, daß 63,07% der Gesamtgasabgabe = 74,04% des bezahlten Gasverkaufs Haushaltszwecken (Normaltarif) dienen. Da nun zwischen Gasbedarf und Gasmessergröße eine feste Beziehung besteht, so folgern wir aus der Gesamtgasmesserflammenzahl des Gaswerks die Gasmesserflammenzahl des reinen Haushaltsgasverbrauchs und erhalten die Ziffer 64,6 m³ als Jahresgasverbrauch einer Gasmesserflamme je Haushaltsgasverbrauch. Und da ferner nach Abb. 16 der einfachen Haushalte unserer Straße 13 der Mittagsgasverbrauch etwa gleich der Hälfte des Tagesgasverbrauchs ist — bei 5flammigen Gasmessern gemäß Sp. e Zahlentafel 5 sind keine Wassererhitzer in Betrieb —, so könnten wir

Gl. (4) $\quad q_{13b} = \dfrac{64,6 \cdot 323}{365 \cdot 2} = 28,60$ m³

als Verteilungsleistung der Straße 13 bezeichnen.

Die Sp. e Zahlentafel 5 lehrt uns, daß in der Straße 13 ganz überwiegend kleine Gasmessergrößen in Benutzung stehen; wir haben es hier offenbar mit einer alten Straße zu tun, deren Anwohner überwiegend den Gaskocher allein ohne Bratraum, neben dem Kohlenherd benutzen. Dann ist in der Stunde des höchsten Gasverbrauchs mindestens mit dem Anschlußwert eines Kocherbrenners (0,45 m³) [II 24 S. 17 Ziff. 4 c 3] zu rechnen, und folglich wäre nach dieser Überlegung die Gasverteilungsleistung auf 100 lfd. m bebaute Straße:

Gl. (5) $\quad q_{13c} = \dfrac{323}{5} \cdot 0,45 = 29,07$ m³.

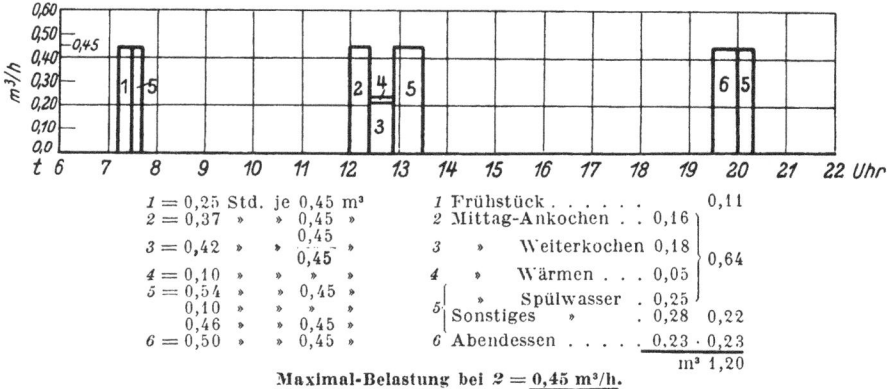

$1 = 0,25$ Std. je $0,45$ m³	1 Frühstück . . . . . . $0,11$
$2 = 0,37$ » » $0,45$ »	2 Mittag-Ankochen . . $0,16$ ⎫
$3 = 0,42$ » $0,45$ »	3 » Weiterkochen $0,18$ ⎬ $0,64$
 $0,45$	4 » Wärmen . . . $0,05$ ⎪
$4 = 0,10$ » » » »	5 » Spülwasser . $0,25$ ⎭
$5 = 0,54$ » » $0,45$ »	5 Sonstiges » . $0,28$ $0,22$
$0,10$ » » » »	6 Abendessen . . . . . $\underline{0,23 \cdot 0,23}$
$0,46$ » » $0,45$ »	m³ $1,20$
$6 = 0,50$ » » $0,45$ »	

Maximal-Belastung bei $2 = \underline{0,45\ \text{m}^3/\text{h}}$.

Abb. 16.

Aus den Druckschreiber-Schaubildern unserer Straße 13 entnahmen wir aber, daß in dem Stadtteil dieser Straße die höchste Stundengasabgabe sich mit dem Mittagsgasverbrauch der Haushalte deckt. Der Druckverlust der Hauptzuführungsrohrleitung zu unserem Rohrnetz Abb. 15 betrug von der Hauptverteilungsstelle her (Gasbehälterstation) etwa 180 mm, während sie in den vorhergehenden Wochentagen 90 mm nicht überschritt. Danach verhalten sich also die Belastungsziffern von Sonn- und Wochentag-Mittagsstunden wie

$$\frac{Q_{so}}{Q_{wo}} = \sqrt{\frac{180}{90}} = 1{,}41$$

(vgl. Zahlentafel 10, Kapitel 5), das ist wohl auf die gelegentliche zusätzliche Benutzung von Bratöfen, Küchenwundern u. dgl. m. zurückzuführen.

Alsdann verändert sich Gl. (4) in

Gl. (4a) $\quad q_{13b'} = \dfrac{64{,}6 \cdot 323}{365 \cdot 2} \cdot 1{,}41 = 40{,}33$ m³ je 100 lfd. m Straßenrohr und Stunde (Gasverteilungsleistung).

Die Gleichungen (1), (2), (3), (4), (4a) und (5) geben in Verbindung mit den Zahlen der Zahlentafel 5 ein lebendiges Bild der Zusammenhänge, welche zur Erkenntnis der Verteilungsleistung führen. Wir vergegenwärtigen uns nochmals, daß die benutzten Werte 0,033 — 0,38 — 64,6 — zwar Durchschnittswerte des Gasversorgungsgebietes sind, aber auf die einzelne Straße, z. B. unsere Straße »13«, nicht zuzutreffen brauchen. Wenn aber schon mit der Berechnung des grundlegenden Wertes q_x unsere Rechnung wirklichkeitsfremd wird, was nützt es dann, daß Wissenschaft und Technik im Laufe eines Jahrhunderts eine exakte Rohrquerschnittsermittlung [II 33, 38, 19, 21, 18] aufgebaut haben?

Aus der Rückschau auf diesen Versuch,

eine Methode zur Ermittlung der Gasverteilungsleistung zu finden,

lehnen wir also die Gleichungen (1), (2), (3), (4) und (4a) ab. Sie können uns allenfalls dazu dienen, aus vorliegendem, statistischem Material gelegentlich einen Überschlag oder eine Kontrollrechnung zu machen. Nur die Gleichung (5) führt uns zu einer wirklichkeitsnahen Lösung unserer Aufgabe. In dieser Gleichung (5)

$$p_{13c} = \frac{323}{5} \cdot 0,45 = 29,07 \ \text{m}^3/\text{h}$$

beruht der Wert 323 — der Sp. m Zahlentafel 5 entnommen — für unser Beispiel auf Tatsachen; bei einer Planung könnte er aber auch aus dem Bebauungsplan u. a. m. errechnet werden. Ebenso ist der Anschlußwert für kleine 3flammige und 5flammige Gasmesser bekannt. Der Durchschnittswert aller Gasmesser unserer Beispielsstraße 13 ist 5 Flammen. Der Bruch $\frac{323}{5}$ steigert etwas die Zahl der Gasmesser gegenüber der Wirklichkeit. Das ist für unseren Zweck aber kein Fehler, weil ohnehin praktisch neben dem Vollbrennen einer Kocherflamme sehr oft eine zweite Flamme »klein« brennt. Die Durchschnittszahl »5« sagt uns, daß neben 3flammigen Gasmessern noch eine Anzahl größerer Gasmesser als 5flammige an das Straßenrohr angeschlossen sind. Wenn uns nun sorgfältige Druckmessungen sagen, daß die Anschlußwerte der größeren Gasmesser zu 0,45 sich zusammendrängen, dann gilt hier dasselbe, was uns zur Veränderung der Gleichung (4) in die Form der Gleichung (4a) führte. Es entsteht die Gleichung (5a)

Gl. (5a) $$q_{13c'} = \frac{323}{5} \cdot 0,45 \cdot \sqrt{\frac{180}{90}} = 29,07 \cdot \sqrt{\frac{180}{90}} \ \text{m}^3/\text{h}.$$

Danach wäre $q_{13c'} = 40,90 \ \text{m}^3/\text{h}$.

Bei der Untersuchung eines vorhandenen Verteilungsrohrnetzes — wie bei unserer Beispielstraße 13 — wissen wir auch ungefähr, auf wieviel Gasmesser der Anschlußwert 0,45 m³/h zutrifft, und wo er größer ist. Unsere Werkstatistik zeigt z. B., daß 68% der Gesamtgasmesserflammenzahl der Straße auf 3flammige und 5flammige Gasmesser entfallen — ein Gasmesser i. M. mit 4,67 Flammen — während 32% auf größere Gasmesser von i. M. je 16 Flammen entfallen.

Nach DVGW — TVR 1934, S. 17 ist der Anschlußwert von Herden 0,75 bis 2,5 m³. Der Anschlußwert einer Küche mit Bratofen ist also mindestens, wenn lange Bratzeit erst mit ihrem Ende in die Ankochzeit fällt $(0,45 + 0,5 \cdot 0,75) = 0,825 \ \text{m}^3/\text{h}$, und wenn der Beginn einer kurzen Bratzeit mit dem Ankochen zusammenfällt $(0,45 + 0,75) = 1,2 \ \text{m}^3/\text{h}$.

Die Entstehung dieser Ziffern ist in den Abb. 16, 17 und 18 dargestellt. Hiernach stellt sich unsere Gasverteilungsleistung auf

$$\text{Gl. (5 b)} \quad q_{13c''} = 0{,}68 \cdot \frac{323}{3{,}67} \cdot 0{,}45 + 0{,}32 \cdot \frac{323}{17} \cdot 120 = 26{,}93 + 6{,}10$$
$$= 33{,}03 \ \text{m}^3/\text{h}.$$

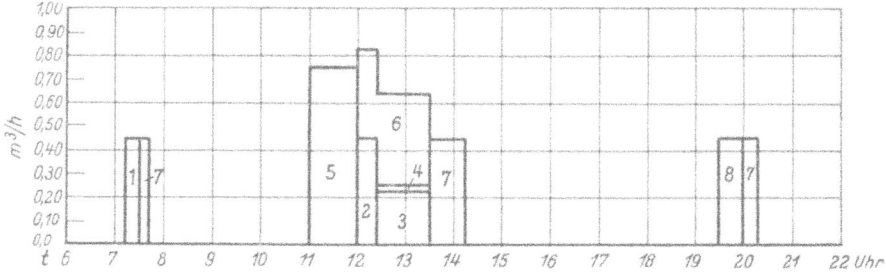

1
2 } wie Abb. 16. 0,51
3
4
5 = 1 Std. je 0,75   m³ Anbraten vor Ankochen. 0,75
6 = 1,5 »   0,75 » Weiterbraten, gleichzeitig mit Ankochen 2 u. Weiterkochen 3   0,56
         0,45
7 = 1,1 »   0,45 · 2 » Spülwasser 1,00
8 = 0,50 »   0,45 » Abendessen 0,23
                                                            m³ 3,05

Maximal-Belastung zu (2) und 6 = 0,825 m³/h.

Abb. 17.

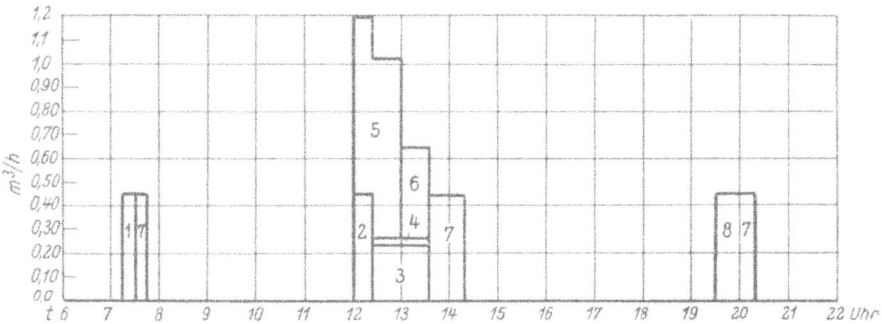

1 wie Abb. 17 0,11
2—4 »   17 0,41
5 = 1 Std. je 0,75 m³ Anbraten, gleichzeitig mit Ankochen (2 u. 3) 0,75
6 = 0,5 » je 0,75 » Weiterbraten 0,38
7 u. 8 wie Abb. 17 1,23
                                                            m³ 2,88

Maximal-Belastung zu 2 und 5 1,2 m³/h.

Abb. 18.

Es wäre also auch kein Fehler gewesen, wenn wir aus Gleichung (5) und (5a) gefolgert hätten:

$$\text{Gl. (5 c)} \quad q_{13d} = \frac{29{,}07 + 40{,}90}{2} = \text{rd. } 35 \ \text{m}^3/\text{h}.$$

Das Ergebnis unserer Untersuchung mittels der Gleichungen (1) bis (5c) bringen wir jetzt in die allgemein gültige Form:

Gl. (6) $\qquad q_n = \dfrac{m}{z} \cdot A$ nach Gl. (5)

Gl. (7) $\qquad q_{n'} = \dfrac{a \cdot m}{z_1} \cdot A_1 + \dfrac{(1-a) \cdot m}{z_2} \cdot A_2$ nach Gl. (5 b)

und

Gl. (8) $\qquad q_{n''} = \dfrac{m}{z} \cdot A \cdot \sqrt{\dfrac{h_a}{h_e}} \cdot$ nach Gl. (5a).

Darin bedeuten:

q_n die Verteilungsleistung je 100 lfd. m Straßenrohr und Stunde,

m die Gasmesserflammenzahl je 100 lfd. m bebautes Straßenrohr gemäß Sp. m, Zahlentafel 5,

z_1 die durchschnittliche Gasmesserflammenzahl für die angeschlossenen Haushaltgasmesser einer bestimmten Gruppe, z. B. derjenigen unter 10 Flammen,

a den Anteil in Hundertteilen von z_1 an der Gesamtgasmesserflammenzahl m,

A_1 und A_2 die den Ziffern z_1 und z_2 entsprechenden Anschlußwerte.

Die Gleichung (7) läßt sich auf beliebig mehr Gruppen sinngemäß anwenden. Stehen die dafür erforderlichen Grundzahlen nicht zur Verfügung, sind aber die Druckbilder des betreffenden Bezirks bekannt, so wendet man die Gleichung (8) an.

Darin ist h_a der Anfangsdruck von der Verteilungsstelle her, h_e der Enddruck am Eintritt der Versorgungsleitung in dem Bezirk der zu berechnenden Straße, wenn im Bezirk eine gleichmäßige Druckverteilung vorliegt. Andernfalls wird die Rohrverzweigung in der bekannten Weise behandelt (vgl. Abschnitt V, Kapitel 5) [II 38 S. 98, 21 S. 59/62 Absch. f, 18 S. 139 Abb. 52].

Wenden wir die Gleichungen (6) bis (8) auf den Wohnungstyp der Straße 9, Zahlentafel 5 an, so finden wir in Sp. e, daß es sich hier um den kleinsten Gasbedarf handelt, d. s. einfacher Gaskocher, welche neben dem Kohlenherd in Gebrauch sind. In solchen Wohnungen ist der Unterschied im Gasverbrauch der Sonntage, Feiertage und Wochentage nicht erheblich. Die Mehrbelastung am Feiertage (25. XII.!), auf welche uns Druckbilder aufmerksam machten, kommt daher, daß in diesen Wohnungen in Zeiten normaler Hauswirtschaft (d. h. nicht »Not« leidender Hauswirtschaft) an Wochentagen die Hauptmahlzeit in die späten Nachmittag- oder Abendstunden fällt; an Sonn- und Feiertagen fällt auch hier das Mittagkochen in die Zeit unserer Mittagsdruckspitze.

Dazu kommt die Anwendung von Brathauben, Küchenwundern u. dgl. m. Die Gasverteilungsleistung ist hier also

$$q_9 = \frac{670}{4,2} \cdot 0,45 = \text{rd. } 72 \text{ m}^3/\text{h}.$$

In Straße 10 Zahlentafel 5 haben wir es mit etwas günstigeren Verhältnissen zu tun und müssen auf gleichzeitige Einschaltung von Zusatz-Küchengasgeräten rechnen, wie wir das bei Gleichung (4a), (5a) und (8) berücksichtigten. Dann ist

Gl. (9) $$q_{10} = \frac{130}{5} \cdot 0,45 \sqrt{\frac{180}{90}} = 16,50 \text{ m}^3/\text{h}.$$

Für die Berechnung der Werte q_n unserer Gruppe 2 von Beispielstraßen handelt es sich um verschiedene Anschlußwerte A; die durchschnittlichen Gasmesserflammenzahlen liegen zwischen 3 und 10. Die Anschlußwerte können also (vgl. Abb. 16 bis 18) sein:

$A_1 = 0,45 \text{ m}^3/\text{h},$
$A_2 = 0,45 + 0,5 \cdot 0,75 = 0,825 \text{ m}^3/\text{h},$
$A_3 = 0,45 + 0,75 = 1,20 \text{ m}^3/\text{h},$
A_4 bis A_n bis $2,5 \text{ m}^3/\text{h}.$

Ohne Kenntnis der Verteilung dieser Anschlußwertgruppen wird man nach Gleichung (6) rechnen, einen mittleren Anschlußwert wählen und/oder den Anschlußwert A_1 im Verhältnis der durchschnittlichen Gasmesserflammenzahlen erhöhen, wie sie den Ziffern m entsprechen. Dann entsteht mit $A_2 = 0,825 \text{ m}^3/\text{h}$ folgende Gleichung

Gl. (10) $$q_4 = \frac{330}{9} \cdot 0,825 \cdot 1,41 = 42,65 \text{ m}^3/\text{h}$$

und mit $A_1 = 0,45 \text{ m}^3/\text{h}$

Gl. (11) $$q_{14} = \frac{337}{7} \cdot 0,45 \cdot \frac{7}{5} = 30,33 \text{ m}^3/\text{h}$$

Gl. (12) $$q_{15} = \frac{785}{7} \cdot 0,45 \cdot \frac{7}{5} = 70,65 \text{ m}^3/\text{h}$$

Gl. (13) $$q_{16} = \frac{427}{6} \cdot 0,45 \cdot \frac{6}{5} = 38,43 \text{ m}^3/\text{h}.$$

Unter diesen Umständen erübrigt sich die Anwendung der Gleichung (8) auch deshalb, weil

$$0,45 : 0,825 : 1,20 = 1 : 1,8 : 2,67$$

ist, während

$$z_1 = \frac{3+5}{2} = 4, \quad z_2 = \frac{6+7\cdot2}{3} = 6,7 \text{ und } z_3 = 9$$

ist und das Verhältnis dieser Zahlen:

6*

$$4 : 6{,}7 : 9 = 1 : 1{,}675 : 2{,}250,$$

also der Erhöhung 1,41 reichlich Rechnung trägt.

Die dritte Gruppe von Beispielstraßen wird mit durchschnittlich $A_3 = (0{,}45 + 0{,}75) = 1{,}2 \ \text{m}^3/\text{h}$ berechnet. Das ergibt:

Gl. (8)$_3$ $\qquad q_3 = \dfrac{311}{20} \cdot 1{,}2 \cdot 1{,}41 = 18{,}66 \cdot 1{,}41 = 26{,}31 \ \text{m}^3/\text{h}$

Gl. (8)$_1$ $\qquad q_1 = \dfrac{400}{14} \cdot 1{,}2 \cdot 1{,}41 = 34{,}33 \cdot 1{,}41 = 48{,}40 \ \text{m}^3/\text{h}$

Gl. (8)$_2$ $\qquad q_2 = \dfrac{93 \cdot 1{,}2}{12} \cdot 1{,}41 = 9{,}3 \cdot 1{,}41 = 13{,}11 \ \text{m}^3/\text{h}$

Gl. (8)$_5$ $\qquad q_5 = \dfrac{220}{16} \cdot 1{,}2 \cdot 1{,}41 = 16{,}5 \cdot 1{,}41 = 23{,}27$

Gl. (8)$_6$ $\qquad q_6 = \dfrac{60}{12} \cdot 1{,}2 \cdot 1{,}41 = 6 \cdot 1{,}41 = 8{,}46 \ \text{m}^3/\text{h}$

Gl. (8)$_7$ $\qquad q_7 = \dfrac{108}{17} \cdot 1{,}2 \cdot 1{,}41 = 7{,}6 \cdot 1{,}41 = 10{,}72 \ \text{m}^3/\text{h}$

Gl. (8)$_8$ $\qquad q_8 = \dfrac{75}{19} \cdot 1{,}2 \cdot 1{,}41 = 4{,}8 \cdot 1{,}41 = 6{,}77 \ \text{m}^3/\text{h}$

Gl. (8)$_{11}$ $\qquad q_{11} = \dfrac{72}{14} \cdot 1{,}2 \cdot 1{,}41 = 6{,}17 \cdot 1{,}41 = 8{,}70 \ \text{m}^3/\text{h}$

Gl. (8)$_{12}$ $\qquad q_{12} = \dfrac{600}{11} \cdot 1{,}2 \cdot 1{,}41 = 65{,}52 \cdot 1{,}41 = 92{,}38 \ \text{m}^3/\text{h}$

Gl. (8)$_{17}$ $\qquad q_{17} = \dfrac{295}{14} \cdot 1{,}2 \cdot 1{,}41 = 25{,}28 \cdot 1{,}41 = 35{,}64 \ \text{m}^3/\text{h}$

Gl. (8)$_{18}$ $\qquad q_{18} = \dfrac{640}{15} \cdot 1{,}2 \cdot 1{,}41 = 51{,}24 \cdot 1{,}41 = 72{,}25 \ \text{m}^3/\text{h}.$

Diese Ermittlung der Werte q_n unserer 18 Beispielstraßen beschränkt sich auf den Haushaltmittagsgasverbrauch, weil unsere Druckbilder Abb. 13 und Abb. 14 uns dessen überragenden Einfluß darstellten. Zudem zeigen uns die Abb. 16 bis 18 auch den Einfluß [I 5 (1)] der Wassererhitzer als unerheblich. Bei gleichem (Mittags-)Bedarf sparen sie sogar an Gasverbrauch. Der Gasbedarfzugang, der bei ihrer Benutzung erfahrungsgemäß entsteht, entwickelt sich aus der Erhöhung der Ansprüche und verteilt sich über den ganzen Tag. Auch der Einfluß der Gasbadeöfen fällt in der Mittagspitze aus. Ein Ausdruck ihres hohen Anschlußwertes war aus den Druckbildern nicht zu ersehen. Während der Gasverbraucher bei Gasbadeöfen die jederzeitige Betriebsbereitschaft als große Annehmlichkeit genießt, folgt für die Gasverteilung eine vorteilhafte Ungleichzeitigkeit der Benutzung, welche das Rohrnetz entlastet. Ähnlich wirkt sich auch die Raumheizung zu Anfang ihrer Einführung in eine Gasversorgung aus. Denn zunächst erfaßt die Werbung diejenigen Objekte, welche die höchste Anforderung an Betriebsbereitschaft stellen. Daraus folgt eine große Ungleichzeitigkeit des Anheizgasverbrauchs. Auch Kirchenheizungen fallen selten mit ihrem hohen Anschlußwert in die Mittagsspitze. Wann und wo das anders ist, z. B. bei gasbefeuerten Sammelheizungen, da sind solche Gasverbraucher wie Großgasfeuer zusätzlich zu behandeln. Nennen wir die Verteilungsleistung für solche Verbraucher q_z, so ist der Berechnung des Rohrdurchmessers im Straßenrohr nach Gleichungen (6) bis (8) der Wert $Q_n = q_n + q_z$ zugrunde zu legen. Wir erinnern uns dabei des in der Einleitung von B I über die Sonderbehandlung der Großverbraucher Gesagten (vgl. auch Brinkhaus a. a. O., Erster Abschnitt, Kapitel d, S. 11 ff.). Auch für den Fall, daß eine Rohrleitung sowohl von Hauszuleitungen gleichmäßig auf der ganzen Länge beansprucht wird, als auch darüber hinaus — z. B. bei einer Straßenkreuzung — Gas abzuliefern hat, bietet unsere Zahlentafel 5 in der Rohrleitung der Straße »19« ein Beispiel. In

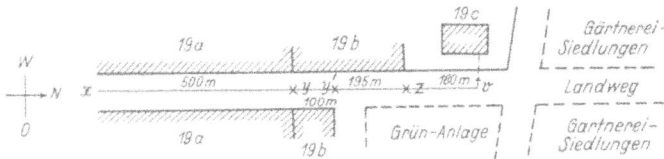

Abb. 19. Straße »19« der Zahlentafel 5 (4. Kap. C II).

Abb. 19 ist die eigenartige Lagerung des Gasverbrauchs dargestellt. Die Belastungen der drei Rohrstrecken $\overline{xy}$ $\overline{yy'}$ $\overline{y'z}$ sind (vgl. Zahlentafel 5, Zeile 19a, 19b und 19c):

Straßen-teil		Grundstücksnummern	
		bebaut	unbebaut
19 a	Reihenhäuser, mehrstöckig, mit Wohnungen von 2 bis 4 Zimmern	10	28
19 b Westseite	Offene Bauweise, zweigeschossige Mehrfamilienhäuser mit Wohnungen von 2 bis 3 Zimmern	4	—
19 b Ostseite	Reihenhäuser für je eine Familie mit 3½ Zimmern	20	—
19 b₁ Westseite	(wie 19 b) Verlängerung	8	—
19 c	Pflegeanstalt mit Gärtnerei	5	25
	Summa:	47	53

In der Verlängerung der Straße:

Landweg mit Gärtnereisiedlungen

1. Für die Strecke $\overline{xy}$ ist die höchste Verteilungsleistung

$$q_x = \left(q_y + q_{19_a} \cdot \frac{500}{100} \right) \text{ m}^3/\text{h.}$$

2. Für die Strecke $\overline{yy'}$ bzw. für die Strecke $\overline{y'z}$

$$q_y = q_{19_b} + q_z) \text{ plus } (q_{19_{b_1}}) \text{ m}_3/\text{h.}$$

3. Für die Strecke $\overline{zv}$

$$q_z = 3779 \frac{1}{365 \cdot 2} \text{ m}^3/\text{h.}$$

Zu 1: Mit den Werten der Spalten c bis p der Zahlentafel 5 und in Anlehnung an die Gleichungen (8) und (8)$_3$ berechnen wir

$$q_{19_a} = \frac{748}{15} \cdot 1,2 \cdot 1,41 = 84 \text{ m}^3/\text{h}$$

und nach Gleichung (6) und mit $p_{19_a} = 23 \text{ m}^3$ wird

$$q'_{19_a} = \frac{23 \cdot 748}{365 \cdot 2} = 23 \text{ m}^3/\text{h.}$$

Für die Berechnung des Rohrdurchmessers wird mit Rücksicht auf die spätere Bebauung nach Norden (vgl. Sp. h in Zeile 19a der Zahlentafel 5) der Wert 84 m³/h beibehalten. Die weitere Berechnung verläuft dann nach unseren Anweisungen Kapitel 5, Abschnitt VII, Beispiel 3 (vgl. auch Brinkhaus a. a. O., S. 16 und 17).

Zu 2: Ermitteln wir mit Rücksicht auf den Wert in Sp. e a. a. O. nach Gleichung (6) für die Länge $\overline{yy'}$ bzw. für $\overline{y'z}$;

$$q_{19_b} = \frac{200 \cdot 0,45}{5} = 18 \text{ m}^3/\text{h bzw.} \frac{100 \cdot 0,45}{5} = 9 \text{ m}^3/\text{h für } q_{19_{b_1}}$$

$$q'_{19_b} = \frac{63 \cdot 200}{730} = 17 \text{ m}^3/\text{h bzw.} \frac{63 \cdot 100}{730} = 9 \text{ m}^3/\text{h für } q_{19_{b_1}}.$$

Zu 3: wird für die Strecke $\overline{zv}$

$$q_{19_c} = 3779 \cdot \frac{1}{365 \cdot 2} \text{ m}^3/\text{h.}$$

C. III: Jetzt wird es wichtig, unsere Richtzahlen und ihre Ergebnisse an der »Wirklichkeit« abgelesener Verbrauchsziffern zu prüfen. In Zahlentafel 5 geben uns die Spalten n bis q, besonders Sp. p, eine Übersicht über den abgelesenen Gasverbrauch in unseren Beispielsstraßen. Die Ziffern sind demselben Jahre entnommen, aus dem die Druckbilder Abb. 13 und Abb. 14 stammen. Ein zusammenhängendes Bild der Ziffern unserer Zahlentafel 5 geben uns die Abb. 20 und Abb. 21.

Tragen wir die Werte (Richtzahlen) der Sp. m in Zahlentafel 5 von dem gemeinsamen Nullpunkt einer Horizontalen ab und errichten in den jedesmaligen Endpunkten die Senkrechte von der Länge des Ausdrucks $p_x = \dfrac{\text{Spalte n}}{\text{Spalte d}}$ (vgl. Sp. p, Zahlentafel 5), so erhalten wir in diesem Bilde

(Abb. 20) eine gute Anschauung von der Verschiedenheit des abgelesenen Gasverbrauchs unserer Beispielstraßen. Ziehen wir in Abb. 20
zur horizontalen Nullinie eine Parallele im Abstand $p_m = 64,6$ m³, so
finden wir, daß über dieser Parallelen nur drei Werte liegen: $p_1 = 85$ m³;
$p_6 = 68$ m³; $p_{10} = 75$ m³.

Die Summe der Sp. n Zahlentafel 5 dividiert durch die Summe der
Sp. d ergibt ein Mittel von etwa $p_m' = 47$ m³ Jahresgasverbrauch je
Gasmesserflamme. Diese Feststellung sagt uns:

Die angeschlossenen Gasmesserflammen unserer Beispielstraßen
hatten einen kleineren Jahresgasverbrauch als nach der Statistik des
Gaswerks eine Gasmesserflamme des gesamten Haushalt-(Normal-)
Verbrauchs ihn hatte.

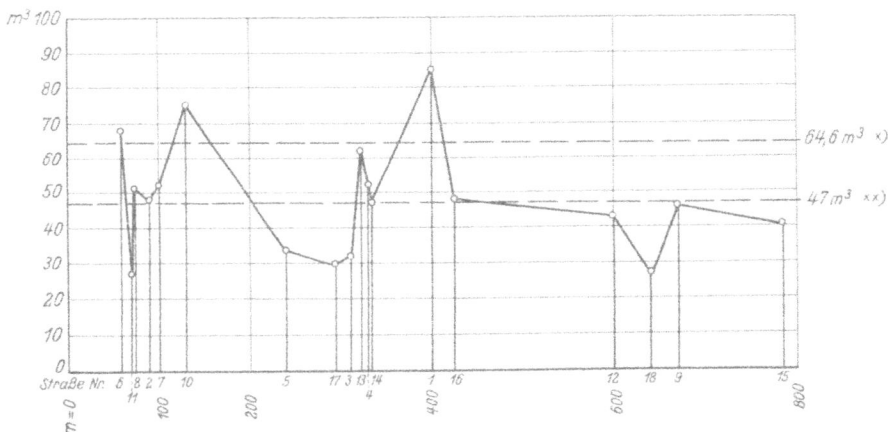

$$\times)\ 64,6\ \text{m}^3 = \frac{\text{Haushalt-Gasverbrauch der ganzen Stadt im Jahr}}{\text{Gasmesserflammenzahl der Haushalte der ganzen Stadt}}$$

$$\times\times)\ 47\ \text{m}^3 = \frac{\text{Summe der Sp. n Zahlentafel 5}}{\text{Summe der Sp. d Zahlentafel 5}} = \frac{\text{Jahres-Gasverbrauch der 18 Beispielstraßen}}{\text{Gasmesserflammenzahl der 18 Beispielstraßen}}$$

Abb. 20.

Der Unterschied zwischen p_m und p_m' entfällt auf den Verbrauch
von Gaststätten, Mittagstischen usw., welche ihren Küchenbetrieb ohne
Sondertarif betreiben und nicht im Bezirk unserer Beispielstraßen liegen.
Die Lebenshaltung zur Zeit der Statistik unserer Zahlentafel 5 — also vor
Beginn der Konjunkturkrise der letzten fünf Jahre — brachte es mit
sich, daß zahlreiche Angehörige von Haushaltsküchen mittags in andere
Haushalte anderer Stadtgegenden, in Verkehrsgaststätten usw. abwan-
derten. Letztere aber gehören größtenteils zu den Großgasverbrauchern,
deren Sonderbehandlung als »zusätzlich« bei Abschnitt B I erwähnt
wurde. Nach der Deutschen Reichsstatistik [II 43] entfielen etwa 21%
»Angehörige« auf die Zahl der Erwerbstätigen, während die Zahl der

Berufsangehörigen überhaupt rd. 80% [26]) über derjenigen der Erwerbstätigen lag. Nach einfacher Überlegung liegt also der 40proz. Mehrgas-
verbrauch der Feiertags-Mittagszeit — unserer stündlichen Gesamt-
höchstgasabgabe — innerhalb angemessener Grenzen zum höchsten
Stundenverbrauch der Haushaltgasabgabe.

Setzen wir jetzt diese Wirklichkeitswerte $p_1 \ldots p_n$ nacheinander
in unsere Gleichung (4) an die Stelle des Wertes »64,6 m³« ein, den wir
dort als wirklichkeitsfremd ablehnten, so erhalten wir für Gruppe 1
bei C II:

$$q_{13}' = \frac{p_{13} \cdot m}{365 \cdot 2} = \frac{62 \cdot 323}{365 \cdot 2} = 27{,}4 \text{ m}^3 \text{ statt früher } q_{13} = \text{rd. } 33 \text{ m}^3$$

$$q_9' = \frac{46 \cdot 670}{365 \cdot 2} = \ldots \ldots 42 \text{ » } \text{ » } \text{ » } q_{13} = \text{ » } 72 \text{ »}$$

$$q_{10}' = \frac{75 \cdot 130}{365 \cdot 2} = \ldots \ldots 13 \text{ » } \text{ » } \text{ » } q_{13} = \text{ » } 17 \text{ »}$$

Entsprechend finden wir für Gruppe 2 bei C II:

Straßen-Nr.	4	14	15	16
q_n =	43	30	71	38 m³
für p_n =	52	47	41	48 »
q_n' =	24	22	44	28 »

und ferner für Gruppe 3 bei C II:

Straßen-Nr.	1	2	3	5	6	7
q_n =	48	13	26	23	8	11 m³/h
für p_n =	85	48	32	34	68	52 »
q_n' =	47	66	14	10	6	8 »
Straßen-Nr.	8	11	12	17	18	
q_n =	7	9	92	36	72	
q_n' =	5	3	37	12	24.	

Nunmehr stellen wir unsere Rechnungsergebnisse q_n und q_n' auch
den Verteilungsleistungsziffern nach Zahlentafel 6 in Zahlentafel 8
gegenüber.

In Abb. 21 sind die Zahlenreihen b, c, d der Zahlentafel 8 bildlich dargestellt. Dort sehen wir, besonders an den Ordinaten (Beispielstraßen)
9, 15, 17, wie die Berechnung nach Zahlentafel 6 Kurve A — welche nach
dem Beleuchtungsbedarf orientiert war — wirklichkeitsfremd geworden
ist. Waren in Zahlentafel 6 die Bezirke der Arbeiterbevölkerung mit
ihren Kleinwohnungen die an Gasabsatz ärmsten, so liegen heute gerade
hier an 100 lfd. m Straßenrohr die besten Gasverkaufsziffern (vgl. Straße

---

[28]) Vgl. Seite 46 u. a. O.: $\dfrac{57-32}{32} \cdot 100$ **rd.** 80%.

9, 15 und 19a in Sp. m und q der Zahlentafel 5). Dagegen haben die sog. »guten« Wohngegenden die verhältnismäßig geringsten Absatzziffern (vgl. Straßen 2, 6, 7, 8, 11).

Zahlentafel 8.

Beispiel Straßen-Nr.	Nach Zahlentafel 6 $q_r =$	Nach Anschluß-werten $q_n =$	Nach abgelesenem Gasverbrauch $q_n' =$	Gruppe der Zahlentafel 6	Gruppe der Zahlentafel 7
		Verteilungsleistung m³/h je 100 lfd. m bebauter Straße			
a	b m³/h	c m³/h	d m³/h	e	f
1	58	48	47	E (1)	VI
2	26	13	6	B (4)	V
3	58	26	14	E (1)	VI
4	58	43	24	E (1)	VI
5	58	23	10	E (1)	VI
6	26	8	6	B (4)	V
7	26	11	8	B (4)	V
8	26	7	5	B (4)	V
9	10	72	42	F (6)	IV
10	20	17	13	A (5)	III
11	26	9	3	B (4)	V
12	35	92	37	C (3)	II
13	50	33	27	D (2)	I
14	35	30	22	C (3)	II
15	20	71	44	A (5)	III
16	50	38	28	D (2)	I
17	35	36	12	C (3)	II
18	35	72	24	C (3)	II

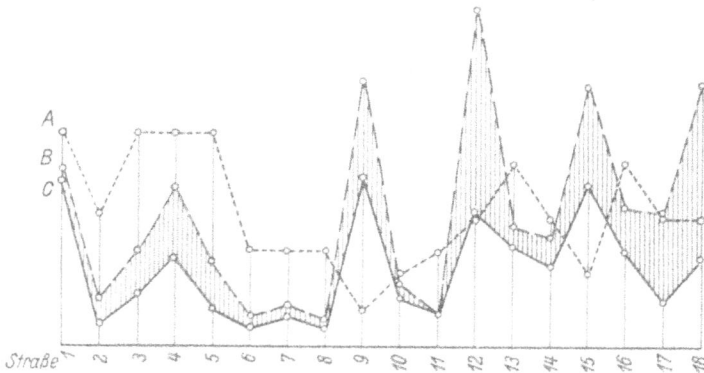

A ------- Verteilungsleistung nach Zahlentafel 6.
B — — —   »   »   Anschlußwerten, gemäß Gleichung (6)—(8).
C ———   »   »   Gasmesser-Ablesungen gemäß Sp. d Zahlentafel 8 und Gleichung (4).

Abb. 21.

Die beiden Kurven B und C der Abb. 21 zeigen eine gute Parallelität, in den Ordinaten 2, 6, 7, 8, 10, 11, 13, 14, 18 sogar gute Annäherung; dagegen bestehen große Abstände der Kurven B und C bei

Straße 4, 9, 12, 15, 18,
nach Abschnitt C II aus Gruppe . . . 2, 1, 3, 2, 3,
mit einer durchschnittlichen Gasmesserflammenzahl von . . . . 12, 4,2, 11, 7, 15.

Aus der anteilmäßig gleichen Beteiligung dieser drei Gruppen darf man schließen, daß nicht die Wahl der Anschlußwerte daran beteiligt ist. Offenbar ist der Grund die von der Rechnung abweichende, tatsächliche Benutzungsdauer der Gasgeräte.

Mit Rücksicht auf die Entwicklung der Gasversorgung nahmen unsere Berechnungen für q_n und q_n' an, daß »alle« Gasgeräte an »365« Tagen benutzt werden. Das trifft in vielen alten Wohnungen nicht zu, weil dort noch Kohlenherde stehen und im Winter auch benutzt werden. Unsere Stundenhöchstgasabgabe lag aber am 25. Dezember. Sodann ist die Voraussetzung gleichzeitigen Betriebes einer Kocherflamme in Gleichung (5) eine große Vorsicht. Dagegen werden die Werte

$$q_x = \frac{\text{Gasmesser-Jahresablesung}}{\text{Gasmesserflammenzahl der Straße}}$$

etwas zu klein und der Nenner 365 · 2 in Gleichung (4) zu groß. Für die Berechnung der Rohrdurchmesser liegt die Wirklichkeit also zweifellos zwischen den Grenzwerten, welche die Kurven B und C darstellen!

Für die Technik moderner Gasverteilung haben wir an diesem Zwischenraum der Kurven B und C ein wertvolles Merkmal. Haben wir z. B. das bestehende Rohrnetz unserer Abb. 15 und dessen Druckbilder Abb. 13 und Abb. 14 vor uns, so haben wir nicht nur die Aufgabe, die Unzulänglichkeit der Vorsorgungsleitung a, b, c, d, e, f zu beseitigen. Wir müssen uns auch fragen, ob und bei welcher Verteilungsleistung die übrigen Leitungen des Rohrnetzes versagen werden. Wir müssen ja ohnehin ermitteln:

1. Wie groß ist die Beanspruchung der Leitung a, b, c, d, e, f?
2. Auf welche Vergrößerung der Verteilungsleistung in den Bezirken W und NW und in welcher Zeit haben wir zu rechnen?

Zur Beantwortung der Frage 2 müssen wir die Belastung der einzelnen Straßen kennen. Denn aus ihnen setzt sich die Belastung der Hauptversorgungsleitung zusammen. Abb. 22 veranschaulicht diese Arbeit. Der leere Raum zwischen den Kurven B und C der Abb. 21 sagt uns dazu, was in den Wirtschaftsräumen W und NW der Werbung und dem Kundendienst an den vorhandenen Gasverbrauchern noch zu tun übrigbleibt und was

3. die offene Ausbaumöglichkeit der Straßen (vgl. Sp. h, Zahlentafel 5) an Verteilungsleistung erwarten läßt.

Von der zeitlichen und örtlichen Beantwortung dieser Fragen hängt es ab, welche Maßnahmen zur Verbesserung unseres notleidenden Gasrohrnetzes ergriffen werden können, und welche Lösung unserer Aufgabe wirtschaftlich gerechtfertigt erscheint. Des näheren verfahren

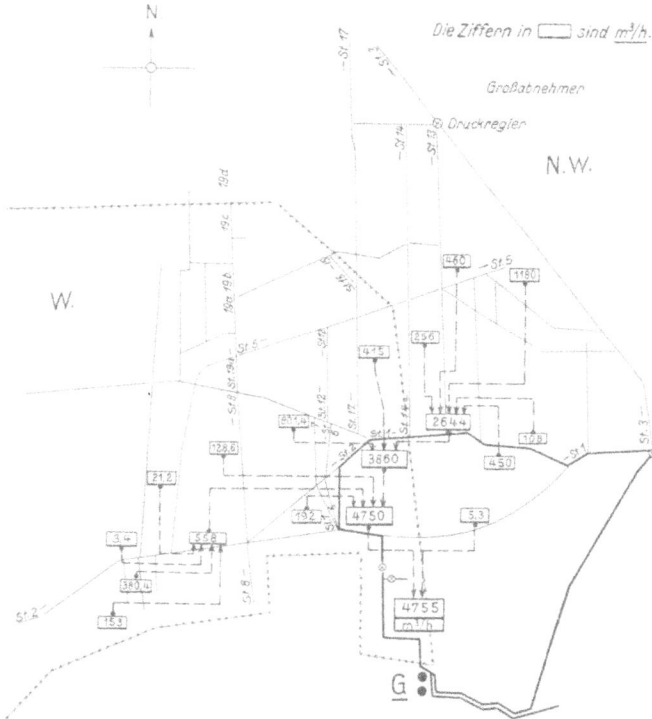

Abb. 22. Bild der Gasverteilungsleistung des Rohrplanes Abb. 15.

wir dann nach Kapitel 3 B, Kapitel 5 und Kapitel 6 C. Die Entscheidung wird zwischen Rohrverstärkung für Niederdruck, Einführung von Mitteldruck für den ganzen Bezirk, Einrichtung einer Hochdruckleitung zur Versorgung von Speisepunkten des notleidenden Rohrnetzes oder Vereinigung der einen und anderen Möglichkeit liegen.

Indessen auch bei der Planung »neuer« Rohrnetze findet der Konstrukteur auf ähnlichem Wege die Lösung seiner Aufgabe (vgl. Schlußsatz von Abschnitt B II).

Aus der Kenntnis der etwa schon vorhandenen Ortschaften oder nach Zweck, Bevölkerungsart und dem Wirtschaftsgefüge des neuen

Versorgungsgebietes läßt sich für den ortskundig beratenen Fachmann die Sp. c unserer Zahlentafel 8 aus wohlbegründeten »Annahmen« zusammenstellen. Die Werte der Sp. d werden dann ohne weiteres nach dem gesteckten Ziel des Versorgungsprogrammes (Tarifpolitik, Werbung und Unternehmungsmut für Kundenbetreuung) danebengestellt. Diese Kurven, welche dann unsere Kurven B und C in Abb. 21 ersetzen, stellen gewissermaßen Sofortprogramm und Rahmenprogramm der geplanten Gasversorgung dar.

Nunmehr trat an die Stelle starrer Faustregeln mit ihrer verschwenderischen Willkür in der Wahl der Rohrdurchmesser verständnisvolle Erforschung aller Verbrauchsmöglichkeiten. Damit wird dann eine sichere Grundlage geschaffen, auf der die Rohrdurchmesserermittlung nach den besten wissenschaftlichen Methoden zuverlässig vor sich gehen kann.

5. Kapitel

Berechnung von Gasrohrleitungen.

Nachdem im vorhergehenden Kapitel die Gasmenge ermittelt ist, welche der Berechnung der Rohrleitungen zugrunde gelegt werden muß, kommt es nun darauf an, den Druckverlust zu berechnen, der sich bei der Strömung der vorher ermittelten Menge durch bestimmte Rohrweiten einstellen wird. Die Kenntnis dieses Druckverlustes wird es uns dann ermöglichen, den erforderlichen Anfangsdruck einer Leitung zu bestimmen, wenn wir den Verwendungszweck und damit den Enddruck, den Druck beim Verbraucher, kennen. Bei gegebenem Anfangs- und Enddruck wiederum wird uns die Kenntnis des Druckverlustes der verschiedenen Rohrweiten die Auswahl des richtigen Querschnittes möglich machen.

Von vornherein müssen wir uns klar darüber sein, daß es nicht möglich ist, eine Zahlentafel aufzustellen, aus der man zu einer bestimmten Menge und Länge der Leitung den richtigen Rohrdurchmesser ablesen kann. Solche Zahlentafeln waren von Wert, als man nur immer mit fast gleichem Anfangs- und Enddruck zu rechnen brauchte. Heute wird man umgekehrt häufig den Anfangsdruck dem Rohrdurchmesser anpassen müssen, um ein Rohrnetz wirtschaftlich zu gestalten oder ein vorhandenes Rohrnetz voll ausnutzen zu können.

Die Kenntnis des Druckverlustes allein ist also für uns von Wert, und nach seiner Bestimmung werden wir je nach Zeitdauer der Benutzung, Beschaffungskosten u. a. m. zwischen Rohrdurchmesser und Druck das richtige Verhältnis wählen.

I. Der Widerstand, dem die Strömung des Gases im Rohr begegnet und der den Druckverlust verursacht, wird von den Eigenschaften der Rohrleitung abhängig sein und von denen des Gases, d. h.

1. von der Länge der Rohrleitung $= l$,
2. von der Innenfläche der Leitung, an der das Gas entlangstreicht $= k$,
3. von der Zähigkeit des Gases $= \eta$,
4. von dem spezifischen Gewicht des Gases $= \gamma$,
5. von der Geschwindigkeit der Gasströmung $= w$,
6. vom Durchmesser des Rohres $= d$.

Man kann also ganz allgemein die Formel aufstellen:

Gl. (1) $$h = l^r \cdot k \cdot \eta^x \cdot \gamma^y \cdot w^n \cdot d^z.$$

Hierin ist die Größe der Exponenten zunächst noch unbekannt, kann aber einzeln aus Versuchen bestimmt werden. Grundsätzlich müssen all diese Faktoren beachtet werden, wenn die Formel einigermaßen richtige Werte ergeben soll. Wir werden zwar in der Praxis nicht immer wieder jeden Faktor neu auszurechnen brauchen, wenn wir es z. B. immer mit gleichen Gasen, ähnlichen Rohroberflächen zu tun haben; trotzdem muß man sich vor Augen halten, daß erst die Summe all dieser Faktoren das richtige Ergebnis liefern kann.

Aus einfachen physikalischen Überlegungen können wir annehmen, daß der Strömungswiderstand direkt proportional der Rohrlänge ist, also der Exponent r in unserer Formel = 1 wird.

Die Beschaffenheit der Rohrwand, an der das Gas entlang streicht, wird naturgemäß eine Rolle spielen. Denn bei der Fortbewegung des Gases durch das Rohr entsteht zunächst zwischen diesem und dem Gase Reibung, die immer größer sein wird, je rauher die Wandung ist. Erst als Folge tritt dann eine Reibung der Gasteilchen untereinander auf, da die der Rohrwand am nächsten liegenden in ihrer Geschwindigkeit gegenüber den mittleren Gasteilen verzögert werden. Die Beschaffenheit der inneren Rohrwand, ihre Rauhigkeit, ist nun von den verschiedensten Einflüssen abhängig. Ein Gußrohr wird immer rauher sein als ein Stahlrohr; andererseits kann man durch neuartige Anstrichverfahren einen spiegelblanken Überzug von Schutzanstrichen (z. B. Neobitumen) erzeugen. Rohre mit solchem Überzug werden voraussichtlich geringere Strömungs- und Druckverluste hervorrufen als andere. Schließlich kann durch Ablagerungen, Kondensatabscheidungen und Anfressungen die glatteste Rohrwand in kurzer Zeit so rauh werden, daß ein wesentlich größerer Druckverlust eintreten muß.

Unmöglich können alle diese Umstände als eine Funktion in der allgemeinen Strömungsgleichung ihren Ausdruck finden. Wir werden vielmehr in der Praxis der Rohrnetzberechnung besondere Koeffizienten gebrauchen müssen, die aus Versuchen abgeleitet sind und ungefähr dem Zustand der Rohroberfläche Rechnung tragen.

Die Unterscheidung zwischen neuen und gebrauchten Rohren [II 18] ist dabei für die Praxis nicht das Richtige, denn eine neugebaute Leitung soll ja noch nach Jahrzehnten leistungsfähig sein. Wir müssen statt dessen besser unterscheiden zwischen Rohren mit dauernd glatter Innenfläche und solchen, bei denen durch Ablagerungen, durch Einflüsse des Baustoffes od. dgl. im späteren Betriebszustand mit einer rauhen Innenoberfläche zu rechnen ist.

Weiterhin machen sich die Eigenschaften des Gases bei der Strömung bemerkbar. Wir erörterten schon vorher, daß nicht nur an der

Rohrwand eine Reibung entsteht, sondern die einzelnen Teile einer strömenden Gasmenge mit verschiedenen Geschwindigkeiten die Rohrleitung durcheilen, unter ihnen also auch eine Reibung entstehen wird. Diese »innere Reibung« der strömenden Gasmenge wird einen höheren Energieaufwand und damit größeren Druckverlust hervorrufen, je größer der Zusammenhang der Gasteilchen untereinander ist, d. h. je zäher das Gas ist. Selbstverständlich wird auch der Einfluß der inneren Reibung größer werden, je größer der Strömungsunterschied einzelner Gasschichten untereinander ist. Wir werden also den Einfluß der Geschwindigkeit mit in unsere Betrachtungen einbeziehen.

Aus dem Verhalten der Flüssigkeiten können wir schließen, daß die Zähigkeit auch der Gase sich mit der Temperatur ändert, und da bei Gasen bei gleichbleibendem Drucke das spezifische Gewicht von der Temperatur abhängt, so müssen wir Zähigkeit, Temperatur, spezifisches Gewicht und Strömungsgeschwindigkeit zusammen betrachten.

II. Trotz der Verschiedenheit der Ergebnisse vieler Versuche über Strömung von Gasen in Rohrleitungen ergibt sich, daß von einer ganz bestimmten Geschwindigkeit ab die Strömungswiderstände nach anderen Gesetzen wachsen, als unterhalb dieser. Diese »kritische« Geschwindigkeit, bei der sich die Art der Strömung offenbar ändert, ist bei der Strömung von Flüssigkeiten schon länger bekannt. Hier kann man beobachten, daß von dieser Grenze ab die regelmäßige parallele Strömung verschwindet und in eine wirbelbildende übergeht. Weitere Beobachtungen an Flüssigkeiten zeigen, daß diese Grenzgeschwindigkeit je nach dem Durchmesser des untersuchten Rohres verschieden ist. Wir werden also für jeden Rohrdurchmesser eine ganz bestimmte kritische Geschwindigkeit feststellen können, bei der sich ein Faktor unserer Gleichung ändern muß. Daraus ergeben sich verschiedene Formeln, je nachdem die Strömung des Gases unterhalb oder oberhalb der kritischen Geschwindigkeit verläuft.

Nach dem Vorhergesagten wird es einleuchten, daß gerade bei der Festsetzung der Grenzgeschwindigkeit die Zähigkeit des Gases eine große Rolle spielt, ja man kann umgekehrt die Zähigkeit des Gases fast nur aus der kritischen Geschwindigkeit bestimmen. Leider gibt uns weder die Physik noch die Chemie irgendeine Aufklärung über den Zähigkeitskoeffizienten technischer Gase. Nach Versuchen von Chandler und Biegeleisen[29] ist die Zähigkeit des Leuchtgases bei der Temperatur t^0

Gl. (2)
$$\eta_t = 0{,}000015325\,(1 + \alpha t)^{0{,}77}\ \frac{\mathrm{kg/s}}{\mathrm{m}^2},$$

bei 15° demnach

$$\eta = 0{,}0000159\,7\ \frac{\mathrm{kg/s}}{\mathrm{m}^2}.$$

[29] Gl. (43) S. 86 a. a. O. [II 18].

Für die praktische Rohrnetzberechnung müssen wir jederzeit feststellen können, ob die Strömung unterhalb oder oberhalb der kritischen Geschwindigkeit verläuft. Da man nun die Temperatur des Gases nicht immer vorher bestimmen kann, so sei der Einfachheit halber eine mittlere Temperatur von 15° angenommen. Die kritische Geschwindigkeit errechnet sich dann nach der Formel:

Gl. (3) $$w_k = \frac{0{,}001\,567}{\gamma \cdot d} \quad \text{im c.g.s.-System}$$

oder im technischen Maßsystem

Gl. (3a) $$w_k = \frac{20{,}775}{\gamma \cdot d};$$

setzt man für $\gamma = 0{,}5$ kg/m³, so nimmt die Formel den Wert

Gl. (3b) $$w_k = \frac{41{,}55}{d}$$

an. Da die kritische Geschwindigkeit nun nicht genau begrenzt ist, sondern die parallele Strömung allmählich in die turbulente übergeht, so ist obige Formel für unsere Zwecke genügend genau. Die Zahlentafel 9 gibt eine Übersicht über die Werte von w_k und enthält auch die kritischen Gasmengen, bei denen bei entsprechendem Rohrdurchmesser die kritische Geschwindigkeit eintritt.

Zahlentafel 9.
Kritische Geschwindigkeit.

d in mm	w_k in m/sec	Q_k in cbm/h	d in mm	w_k in m/sec	Q_k in cbm/h
Innenleitungen			Straßenleitungen		
19,0	2,187	1,77	275	0,1511	32,3
25,4	1,636	2,98	300	0,1385	35,24
31,8	1,306	3,65	325	0,1278	38,17
38,1	1,088	4,5	350	0,1187	41,11
44,0	0,9442	5,05	375	0,1108	44,05
50,8	0,8178	5,97	400	0,1039	46,98
Straßenleitungen			450	0,0923	52,86
80	0,5194	9,4	500	0,0831	58,73
100	0,4154	11,75	550	0,0755	64,60
125	0,3323	14,4	600	0,0639	70,48
150	0,277	17,62	650	0,0692	76,35
175	0,2374	20,55	700	0,0594	80,35
200	0,2078	23,49	750	0,0534	88,10
225	0,1846	26,4	800	0,0519	93,97
250	0,1662	29,4	900	0,0462	105,8
			1000	0,0415	117,5

Ohne auf mathematische oder physikalische Berechnungen und Vorgänge genauer einzugehen, können wir uns nun ein Bild von den Strömungsvorgängen machen. Die Verschiedenheit der Faktoren, die auf die Strömung Einfluß haben und die Kompliziertheit der ganzen Vorgänge zeigen, daß auf rein rechnerischem oder theoretischem Wege das Problem sich kaum lösen läßt.

III. Wir sind daher auf Formeln angewiesen, die aus Versuchen abgeleitet sind. Eine Anzahl dieser Formeln sind in nachstehender Zahlentafel 10 gegenübergestellt.

Zahlentafel 10.
Gegenüberstellung der Formeln 5. Kap. III.

Verfasser	Jahr	Formel	Anzahl der Versuche mit	
			Gas	Luft
Pole . -	1852	$\dfrac{h}{l} = 80\,500\,\dfrac{Q^2}{d^5}$	14	—
Blochmann . . .	1861	$\dfrac{h}{l} = 80\,630\,\dfrac{Q^2}{d^5}$	—	—
Arson	1867	$\dfrac{h}{l} = 73\,180\,\dfrac{a \cdot Q}{d^3}$ $+\,2\,588\,000\,\dfrac{b Q^2}{d^5}$	19	12
Grashof	1875	$\dfrac{h}{l} = 80\,238\,\dfrac{Q^2}{d^5}$	—	—
Unwin	1904	$\dfrac{h}{l} = 52\,720\,\left(1 + \dfrac{305}{7a}\right)\dfrac{Q^2}{d^5}$	19	72
Niemann	1904	$\dfrac{h}{l} = 80\,000\,\dfrac{Q^2}{d^5}$	—	—
Biel	1907	$\dfrac{h}{l} = 64\,700\,\left(0,48 + \dfrac{13,66}{\sqrt{d}}\right.$ $\left. +\,\dfrac{0,0442 \cdot d^{1,5}}{Q}\right)\dfrac{Q^2}{d^5}$	15	211
Fritzsche	1908	$\dfrac{h}{l} = 180\,160\,\dfrac{Q^{1,852}}{d^{4,973}}$	—	117
Spitzglasz	1912	$\dfrac{h}{l} = 34\,900\,\left(1 + \dfrac{91,44}{d}\right.$ $\left. +\,0,0018\,d\right)\dfrac{Q^2}{d^5}$	133	—
Sautter	1913	$\dfrac{h}{l} = 278\,600\,\dfrac{Q^{1,852}}{d^{4,973}}$	—	117
Brinkhaus	1913	$\dfrac{h}{l} = 79\,200\,\dfrac{Q^2}{d^5}$	—	—
Hempelmann . . .	1914	$\dfrac{h}{l} = 365\,800\,\dfrac{Q^2}{d^{5,333}}$	1	—
Biegeleisen	1918	$\dfrac{h}{l} = 76\,830\,\dfrac{Q^{1,69}}{d^{4,69}}$	410	483

Am häufigsten wird im Gasfach zur Leitungsberechnung die Formel von Pole angewandt und wohl die meisten Rohrleitungen sind nach ihr berechnet. Brinkhaus [II 21] schließt daraus, daß sie für die Praxis zutreffende Werte ergeben muß, weil man nur wenige Fehlschläge bei Berechnungen damit erlebt hat. Leider ist aber selten nachgeprüft, ob man auch mit kleineren Rohrdurchmessern hätte auskommen können. Man war in der kapitalreichen Vorkriegszeit zufrieden, wenn die Leitung einwandfrei die notwendige Gasmenge lieferte und machte sich wenig Sorgen über die zuviel angewendeten Gelder.

Schon 1910 berichtet Chandler [I 8 (2a)], daß beim Vergleich der aus Versuchen erhaltenen Werte mit den nach der Poleschen Formel errechneten sich diese Formel als »hoffnungslos unzulänglich und irreführend« erwies.

Die Formel lautet nach Brinkhaus:

Gl. (4)
$$h = \frac{660 \cdot M \cdot l \cdot s \cdot Q^2}{d^5}.$$

Darin bedeutet M = Reibungskoeffizient,

$\quad\quad\quad\quad\quad l$ = Länge der Leitung,

$\quad\quad\quad\quad\quad s$ = spezifisches Gewicht des Gases,

$\quad\quad\quad\quad\quad Q$ = Gasmenge m³/h,

$\quad\quad\quad\quad\quad d$ = Durchmesser der Leitung.

Sie ist aus etwa 14 Versuchen abgeleitet, bei denen aber über die Art und den Zustand des Gases nichts gesagt ist, ebenso nichts über die Beschaffenheit der Rohrwand. Der aus diesen Versuchen abgeleitete Reibungskoeffizient ist daher ein Zufallsergebnis und läßt sich nicht ohne weiteres verallgemeinern. Das gleiche gilt für alle ähnlichen Formeln, die meist nur einen anderen Reibungskoeffizienten je nach den gerade verwendeten Rohren und Gasen einführten. An 128 Versuchen wies Fritzsche 1908 [II 26] nach, daß die allen bisherigen Formeln zugrunde liegende Annahme, der Druckverlust in Rohrleitungen wachse mit dem Quadrat der Geschwindigkeit, nicht zutreffend sei. Er wächst vielmehr mit einer Potenz, die kleiner ist als 2 (= 1,859). Daher werden alle bis dahin gebräuchlichen Formeln immer ungenauer, je höher die Geschwindigkeit der Gasströmung ist. Leider sind die von Fritzsche gefundenen Werte für uns nicht brauchbar, weil fast alle Versuche mit Luft ausgeführt wurden, also die Eigenschaften des Gases nicht berücksichtigt sind.

Das gleiche gilt auch von der Formel von Sautter [I 8 (3)], Hempelmann (II 34] und Brabbée [II 20].

Die einzigen Formeln, die von zahlreichen Versuchen mit Leuchtgas abgeleitet sind, bei denen Gasgeschwindigkeit, Zustand der Rohre und alle andern, den Druckverlust bestimmenden Faktoren berücksichtigt sind, sind die von Biegeleisen abgeleiteten. Sie lauten für gußeiserne Rohre:

	neu	gebraucht
unterhalb der kritischen Geschwindigkeit		

Gl. (5) $\quad \dfrac{h}{l} = 1075 \cdot 10^6 \, \dfrac{\eta \cdot Q}{d^4} \qquad\qquad \dfrac{h}{l} = 2787 \cdot 10^6 \, \dfrac{\eta \cdot Q}{d^4}$

oberhalb der krit. Geschwindigkeit

Gl. (6) $\quad \dfrac{h}{l} = 3857 \cdot 10^3 \, \dfrac{\eta^{0,31} \cdot \gamma^{0,69} \cdot Q^{1,69}}{d^{4.69}} \qquad \dfrac{h}{l} = 8466 \cdot 10^3 \, \dfrac{\eta^{0,31} \cdot \gamma^{0,69} \cdot Q^{1,69}}{d^{4.49}}$

Biegeleisen gibt in seiner Abhandlung auch Annäherungsformeln an, die für normale Fälle ausreichen (Leuchtgas $s = 0{,}42 \; t = 15^0$). Für gußeiserne Rohre

	neu	gebraucht

Gl. (7) unterhalb der kritischen Geschwindigkeit . . $\dfrac{h}{l} = 17170 \, \dfrac{Q}{d^4} \qquad \dfrac{h}{l} = 44500 \, \dfrac{Q}{d^4}$

Gl. (8) oberhalb der kritischen Geschwindigkeit . . $\dfrac{h}{l} = 76830 \, \dfrac{Q^{1,69}}{d^{4,69}} \qquad \dfrac{h}{l} = 189900 \, \dfrac{Q^{1,69}}{d^{4,69}}$

Für schmiedeeiserne Rohre sind ebenfalls Formeln nach den Versuchen von Biegeleisen abgeleitet. Diese Versuche erstrecken sich jedoch alle nur auf die Durchmesser der Rohre, die für die Innenleitungen verwendet werden. Die Nachrechnung mehrerer Stahlrohrleitungen von 200 bis 250 mm Dmr., die teils neu verlegt, teils mehrere Jahre in Gebrauch waren, ergab nach den Biegeleisenschen Formeln gute Übereinstimmung mit den Messungen der Wirklichkeit. Wir können also auch für die üblichen Stahlrohrleitungen dieselben Formeln benutzen. Zur Vereinfachung der Rechnung führt Biegeleisen einen Rechenstab [II 18] ein, der nachstehend in Abb. 23 wiedergegeben ist[30]). Bei den in der Praxis vorkommenden Rechnungen mit normalen Gaszuständen (Leuchtgas, spezifisches Gewicht 0,42, 15⁰) wird die Benutzung dieses Rechenstabes die Auswahl des Rohrdurchmessers sehr erleichtern. Er gilt für Rohre mit verhältnismäßig glatter Oberfläche der Innenwand.

Die genauen Formeln für Gasrohrleitungen kommen zur Anwendung, wenn entweder die Temperatur des Gases wesentlich von 15⁰ abweicht oder das spezifische Gewicht von $s = 0{,}42$ verschieden ist.

Der Einfluß der Temperatur ist im übrigen nicht so groß, wie man zunächst annimmt. Der Fehler bei einer um 10⁰ verschiedenen Temperatur ist so gering, daß schon die kleinste Ablagerung an der Rohrwand den gleichen Druckverlust hervorrufen kann. Der Einfluß des

---

[30]) Nomogramm!

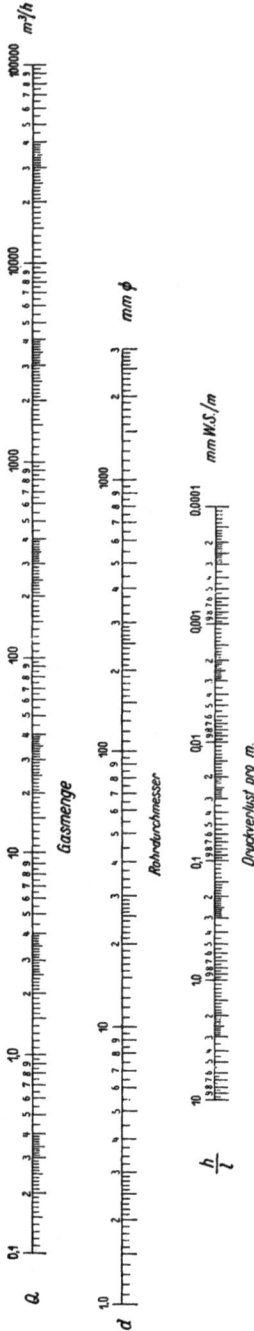

Abb. 23.

spezifischen Gewichtes wird ebenso häufig nicht richtig geschätzt. Das spezifische Gewicht des Gases ändert sich mit dem Druck, ist also in jedem Teile der Leitung verschieden. Genau genommen müßte man das Gewicht des Gaszustandes in die Rechnung einsetzen, bei dem die Gasmenge ermittelt ist.

Es ist jedoch nicht nötig, bei anderem spezifischem Gewicht als 0,42 auf die Annäherungsformel oder den Rechenstab zu verzichten. In der genauen Formel ist das spezifische Gewicht enthalten, und zwar in der Form $\gamma^{0,69}$. Wir brauchen daher den aus der Annäherungsformel erhaltenen Wert nur mit $\left(\dfrac{\gamma_1}{\gamma}\right)^{0,69}$ zu multiplizieren, um das richtige Ergebnis für ein anderes spezifisches Gewicht γ_1 zu erhalten. Die Zahlentafel 11 spart auch hierfür die Berechnung.

Zahlentafel 11.
$\gamma = 0,5$ kg/m³.

γ_1 in kg/m³	s	$\left(\dfrac{\gamma_1}{\gamma}\right)^{0,69}$
0,52	0,4	1,026
0,54	0,42	1,052
0,56	0,43	1,078
0,58	0,45	1,014
0,60	0,46	1,129
0,62	0,48	1,154
0,64	0,50	1,179
0,66	0,51	1,203
0,68	0,53	1,228
0,70	0,54	1,262
0,72	0,56	1,264
0,74	0,57	1,296
0,76	0,59	1,299
0,78	0,60	1,323
0,80	0,62	1,346

IV. Die bisher erörterten Formeln sind alle aus Versuchen mit niederen Drucken abgeleitet. Die Formeln können also auch nur in diesem Druckbereich Anwendung finden. Ihre Richtigkeit auch für höhere Drücke und größere Gasgeschwindigkeiten ist nicht erwiesen. Sie haben außerdem den Nachteil, daß sie nur aus Strömungsvorgängen abgeleitet sind und daher die Gasmenge immer so eingesetzt werden muß, wie sie durch die Leitung strömt und nicht so, wie sie beim Konsumenten ermittelt ist.

Starke [II 44] lehnt daher für die Berechnung von Hochdruckleitungen die bisher erwähnten Formeln ab und verwendet die größtenteils aus amerikanischen Versuchen an Hochdruckgasleitungen abgeleitete Formel

Gl. (9)
$$Q = \frac{\pi}{4} \sqrt{\frac{R_L \cdot g}{\lambda \cdot T} \cdot \frac{T_0}{p_0}} \cdot \sqrt{\frac{d^5 (p_a{}^2 - p_e{}^2)}{s \cdot l}}.$$

Darin kann man den Ausdruck

$$\frac{\pi}{4} \cdot \sqrt{\frac{R_L \cdot g}{\lambda \cdot T} \cdot \frac{T_0}{p_0}} = c$$

setzen, so daß

Gl. (10)
$$Q = c \sqrt{\frac{d^5 \cdot (p_a{}^2 - p_e{}^2)}{s \cdot l}}$$

wird. Hierin bedeuten

Q = Fördermenge in m³/s (V_0 = Gasmenge m³/h),
d = Rohrdurchmesser in m,
l = Rohrlänge in m,
s = spezifisches Gewicht (bezogen auf Luft = 1),
R_L = Gaskonstante für Luft = 29,2,
g = Schwere = 9,81,
p_a = Anfangsdruck in ata,
p_e = Enddruck in ata,
T = Gastemperatur in der Leitung (abs.),
T_0 = 273⁰,
p_0 = 1,033 ata,
λ = Widerstandszahl.

Für die im Gasfach gebräuchlichen Größen 0⁰ und 760 mm QS ist

$$c = \frac{208,1}{\sqrt{\lambda}}.$$

Für die Berechnung des Druckverlustes muß man die Gleichung etwas umformen. Man erhält dann

Gl. (11)
$$p_a{}^2 - p_e{}^2 = \frac{Q^2 \cdot l \cdot s \cdot \lambda \cdot T \cdot 4^2}{d^5 \cdot R_L \cdot g \cdot \pi^2} \cdot \frac{p_0{}^2}{T_0{}^2} = Q^2 \cdot l \cdot \frac{s}{c^2 \cdot d^5}.$$

Q bedeutet Fördermenge in m³/s. Da man bei den gemessenen Gasmengen meist mit m³/h rechnet, so ist $V_0 = Q \cdot 3600$ = Gasmenge in m³/h.

Gl. (12)
$$p_a{}^2 - p_e{}^2 = \frac{V_0{}^2}{3600^2} \cdot l \cdot \frac{s}{c^2 \cdot d^5}.$$

Nach den vorher gemachten Ausführungen über den Einfluß der Rohroberfläche, der Gasbeschaffenheit und Strömungsgeschwindigkeit auf den Reibungswiderstand, ist es klar, daß sich die Widerstandszahl nicht eindeutig festlegen läßt.

Starke errechnet aus mehreren Messungen an Gashochdruckleitungen

Gl. (13)
$$\lambda = \frac{0,008447}{\sqrt[3]{d}}.$$

Biel [II 19 (1)] gibt den Wert an

$$\lambda = 0,05 \, V_0^{-\frac{1}{8}},$$

Jakob und Erk

$$\lambda = 0,00714 + 0,6104 \cdot R_e - {}^{0,35}.$$

Je nachdem der Beobachter also den Einfluß der Rohroberfläche, der Gasgeschwindigkeit oder Zähigkeit des Gases mehr Beachtung schenkte, ergeben sich die verschiedenen Berechnungsweisen für λ. Wahrscheinlich werden zur einwandfreien Berechnung von λ alle drei Formeln berücksichtigt werden müssen. Es liegen jedoch hierüber noch keine Versuchsergebnisse vor. Ein Versuch an einer 15 km langen Fernleitung der Ruhrgas A.-G. [I 7 (8 d)] zeigte für λ folgende Ergebnisse, die mit den nach den obigen Formeln errechneten verglichen sind.

Versuch	0,01700 — 0,01649
nach Biel	0,01599 — 0,01653
nach Jakob und Erk	0,01566 — 0,01491
nach Starke	0,01064.

Demnach ergibt die Formel von Starke etwas zu große, die von Jakob und Erk etwas zu kleine Werte. Andere von Starke angeführte Versuchsergebnisse ergeben nach den Formeln von Biel und Jakob und Erk zu kleine Druckverluste.

Da eindeutige Versuchsergebnisse in größerer Zahl nicht vorliegen, empfiehlt es sich, vorläufig die Berechnungen der Hochdruckgasleitungen nach den von Starke angegebenen Formeln und Werten von λ vorzunehmen.

Das Ergebnis der bisherigen Überlegungen sei noch einmal kurz zusammengestellt.

Zahlentafel 12.

Für Niederdruckleitungen. [Gl. 7 u. 8.]

	glatt	rauh
unterhalb der kritischen Geschwindigkeit $\frac{h}{l} =$	$17\,170 \, \frac{Q}{d^4}$	$44\,500 \, \frac{Q}{d^4}$
oberhalb der kritischen Geschwindigkeit $\frac{h}{l} =$	$76\,830 \, \frac{Q^{1,69}}{d^{4,69}}$	$189\,900 \, \frac{Q^{1,69}}{d^{4,69}}$

Für Hochdruckleitungen. [Gl. 10 u. 12.]

$$p_a{}^2 - p_e{}^2 = \frac{V_o{}^2 \cdot l \cdot s \cdot \lambda}{3600^2 \cdot d^5 \cdot 208{,}1^2},$$

$$\text{darin } \lambda = \frac{0{,}008\,447}{\sqrt[3]{d}}$$

oder

$$p_a{}^2 - p_e{}^2 = \frac{V_o{}^2 \cdot s \cdot l}{3600^2 \cdot c^2 \cdot d^5},$$

$$\text{darin } c = 0{,}7874 \frac{1}{\sqrt{\lambda}} \cdot \frac{T_o}{p_o} = \frac{208{,}1}{\sqrt{\lambda}}$$

$$Q\,(\text{m}^3/\text{s}) = c \sqrt{\frac{d^5 \cdot (p_a{}^2 - p_e{}^2)}{s \cdot l}}$$

$$d = \sqrt[5]{\frac{Q^2 \cdot s \cdot l}{c^2 \cdot (p_a{}^2 - p_e{}^2)}}.$$

Zahlentafel 13.

λ und c in Abhängigkeit von d.

d in mm	λ.	c	$\log c^2$	$\log d^5$
50	0,02293	1374,3	6,27616	3,49385—10
60	0,02158	1419,7	6,30256	3,89075
70	0,02050	1420,4	6,32488	4,22550
75	0,02003	1470,3	6,33486	4,37530
80	0,01960	1486,2	6,34420	4,51545
90	0,01885	1515,7	6,36126	4,77120—10
100	0,01820	1542,7	6,37622	0,00000—5
125	0,01689	1601,0	6,40882	0,48455
150	0,01590	1649,7	6,43482	0,88045
175	0,01510	1693,4	6,45752	1,21520
200	0,01444	1730,7	6,47644	1,50510
225	0,01389	1765,8	6,49390	1,76090
250	0,01341	1796,5	6,50885	1,98950
275	0,01299	1825,9	6,52296	2,19665
300	0,01262	1862,5	6,53552	2,38560
325	0,01229	1877,4	6,54714	2,55940
350	0,01199	1900,7	6,55786	2,72035
375	0,01171	1922,7	6,56786	2,87915
400	0,01146	1942,4	6,57668	3,01030
425	0,01124	1963,3	6,58598	3,04195
450	0,01102	1987,6	6,59424	3,26605
475	0,01082	2000,0	6,60208	3,38345
500	0,01064	2015,8	6,60890	3,49485
600	0,01002	2079,4	6,63589	3,89075
700	0,00951	2133,5	6,65821	4,22550
800	0,00910	2181,5	6,67754	4,51054
900	0,00875	2224,8	6,69459	4,77120—5
1000	0,00845	2264,2	6,70984	0,00000—0
1250	0,00784	2350,0	6,74215	0,58146
1500	0,00738	2422,5	6,76854	0,88045
1750	0,00701	2485,5	6,79085	1,21520
2000	0,00670	2541,5	6,81019	1,50515

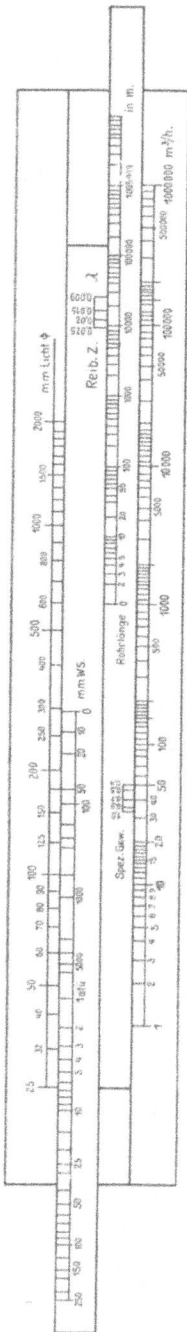

Abb. 23 a.

Zur Erleichterung von Berechnungen der Hochdruckleitungen geben wir in Zahlentafel 13 Werte von λ und c, in Abhängigkeit von d und die Logarithmen von c^2 und d^5.

Zur Umrechnung mit spezifischen Gewichten verschiedener Gasarten dient Zahlentafel 11.

Für die Berechnung von Hochdruckleitungen gibt es ähnliche Hilfsmittel wie den in Abb. 23 dargestellten Rechenstab; erwähnt sei u. a. ein Rechenstab von Ing. Walter[31]), welcher auf der Formel

$$\text{Gl. (10)} \qquad d^5 = \frac{Q^2 \cdot s \cdot l}{c^2 \, (p_a{}^2 - p_e{}^2)}$$

aufgebaut ist. Da jede Schieberstellung eine Gleichung darstellt, können Rohrdurchmesser, Druck oder Liefermenge einfach abgelesen werden. Die Größe von λ ist veränderlich zwischen 0,009 und 0,025.

(Siehe auch Berechnungsbeispiele am Ende des Kapitels.)

V. Die vorstehend entwickelten Formeln geben die Möglichkeit, gradlinige Leitungen ohne Abzweige zu berechnen, durch die eine Gasmenge strömt, die vom Anfang bis zum Ende der Leitung die gleiche bleibt. In der Praxis werden häufig aber andere Aufgaben gestellt. Für den Entwurf eines Leitungsnetzes sind Abzweigungen, Verästelungen und Ringleitungen zu berechnen. Ferner findet im Ortsnetz während der Weiterleitung des Gases überall eine Abgabe statt, so daß die Gasmenge beim Eintritt in die Leitung größer als beim Ende der Leitung ist.

Bei längeren Leitungen mit größerer Gasabgabe an einzelnen Stellen, z. B. einer Strecke, an die nur einzelne Großabnehmer angeschlossen sind, wird man zweckmäßig die ganze Leitung in einzelne Abschnitte aufteilen und jeden Abschnitt mit konstanter Gasmenge einzeln berechnen. Die Berechnung ist dann nach den vorher entwickelten Formeln auszuführen.

---

[31]) Hersteller Rudolf Naumann, Leipzig C 1 (Abb. 23a).

Betrachtet man die einzelnen Hausanschlüsse einer Gasleitung als gleichmäßige Entnahmestellen auf der ganzen Länge und bezeichnet q die Gasentnahme auf 1 m Leitungslänge, so ist

Gl. (14) $\quad Q_k = Q_A - q \cdot l; \qquad Q_A =$ Gasmenge am Anfang der Leitung
$\qquad\qquad\qquad\qquad\qquad Q_E = \quad$ »   » Ende   »   »

Ohne einen großen Fehler zu begehen, kann man

$$Q = \frac{Q_A - Q_E}{2}$$

setzen und die Rechnung wie gewöhnlich mit den bisherigen Formeln ausführen (s. auch Beispiel 3 und 4).

Schließlich wird man häufig vor die Aufgabe gestellt, die Leistungsfähigkeit mehrerer parallel laufender Rohrstrecken zu berechnen. Bei nur zwei Leitungen kommt dies einer Ringleitung gleich.

Nach der für Niederdruck geltenden Formel (Gleichung (8))

$$\frac{h}{l} = k \cdot \frac{Q^{1.69}}{d^{4.69}}$$

verhalten sich die Liefermengen Q_1 und Q_2 zweier Leitungen mit den Durchmessern d_1 und d_2 und Längen l_1 und l_2 wie

Gl. (15) $\qquad\qquad \dfrac{Q_1}{Q_2} = \sqrt[1,69]{\dfrac{d_1^{4.69}}{d_2^{4.69}} \cdot \dfrac{l_2}{l_1}}.$

Häufig wird die Länge der beiden Leitungen annähernd gleich sein (Parallelstraßen). Es wird dann $l_1 = l_2$ und

Gl. (15a) $\qquad\qquad \dfrac{Q_1}{Q_2} = \dfrac{d_1^{2.78}}{d_2^{2.78}}.$

Nachdem man nach diesen Formeln die durch jede Leitung strömende Gasmenge ermittelt hat, wird die Berechnung des Druckverlustes wie gewöhnlich vorgenommen (s. Beispiel 5).

Bei drei und mehr Leitungen wird man erst das Verhältnis $\dfrac{Q_1}{Q_2}$ ermitteln, dann $\dfrac{Q_1}{Q_3}$ usf. Schließlich wird dann die Gesamtsumme Q in den gewonnenen Verhältnissen aufgeteilt (s. Beispiel 6).

VI. Wir haben bisher den Druckunterschied nicht berücksichtigt, der sich durch die verschiedenen Höhen der Rohrleitung im Gelände ergibt. Da die meisten technischen Gase leichter als Luft sind, wird an den tiefsten Stellen der Leitung ein geringerer Druck herrschen.

Ist $\quad z =$ Höhenunterschied in m,
$\qquad G =$ Gewicht 1 m³ Luft,
$\qquad s =$ spezifisches Gewicht des Gases,
$\qquad \zeta =$ Druckunterschied in mm WS,

so ist

Gl. (16) $\qquad \zeta = \pm z \cdot G \cdot (1 - s)$ (vgl. Zahlentafel 14).

Zahlentafel 14.

Werte für ζ.

Spez. Gewicht	Höhenunterschied in m								
s	1	2	3	4	5	6	7	8	9
0,350	0,840	1,681	2,521	3,362	4,202	5,043	5,883	6,724	7,564
0,360	828	655	483	310	138	4,965	793	620	448
0,370	815	629	444	258	073	4,888	702	517	331
0,380	802	603	405	207	4,008	810	612	413	215
0,390	789	577	366	155	3,944	732	521	310	7,099
0,400	776	552	327	103	879	655	431	206	6,982
0,410	763	526	289	051	814	577	340	103	866
0,420	750	500	250	3,000	750	500	250	6,000	749
0,430	737	474	211	2,948	685	422	159	5,896	633
0,440	724	448	172	2,896	620	344	5,069	793	517
0,450	711	422	133	845	556	267	4,978	689	400
0,460	698	396	095	793	491	189	888	586	284
0,470	685	371	056	741	426	112	797	482	168
0,480	672	345	2,017	689	362	4,034	707	379	6,051
0,490	659	319	1,978	636	297	3,957	616	275	5,935
0,500	0,646	1,293	1,932	2,586	3,232	3,879	4,525	5,172	5,818

Findet auf der ganzen Leitungsstrecke keine Gasabgabe statt, so braucht man dem Enddruck nur den ermittelten Wert für ζ hinzuzufügen.

Sind jedoch unterwegs noch Gasabnehmer an der Leitung angeschlossen, so ist auch zu prüfen, ob an der tiefsten Stelle der Leitung noch genügender Druck vorhanden ist, oder ob an der höchsten Stelle die angeschlossenen Gasgeräte nicht durch zu hohen Druck gefährdet werden.

VII. Für die nachstehend aufgeführten Rechnungsbeispiele sind nach Möglichkeit Zahlen angewandt, die den in Kapitel 4 angeführten Verhältnissen entsprechen.

Beispiel 1.

Die in Abb. 22, Kapitel 4 gezeichnete, vom Gaswerk ausgehende Leitung soll zur Versorgung des Stadtteiles 4755 m³/h befördern. Sie ist 900 m lang; verlegt wurden Rohre von 450 mm l. W. Die Leitung ist schon längere Zeit in Betrieb. Das vom Gaswerk kommende Gas enthält Naphthalin, das sich in diesem ersten Leitungsstück öfters absetzt. Es ist also mit verhältnismäßig rauher Innenwand des Rohres zu rechnen.

Die Zahlentafel 9 (kritische Geschwindigkeit) zeigt uns sofort, daß die Strömungsgeschwindigkeit weit über der kritischen Grenze liegt.

Wir werden also unsere Berechnungen auf die Formel

$$\frac{h}{l} = 189\,900 \cdot \frac{Q^{1,69}}{d^{4,69}}$$

aufbauen. Der Druckverlust der ganzen Leitung ist

$$h = 900 \cdot 189\,900 \cdot \frac{4755^{1,69}}{450^{4,69}} = 100,4 \text{ mm WS.}$$

$$
\begin{array}{ll}
\log. \ 900 & = \ 2,9542 \\
\log. \ 189\,900 & = \ 5,2785 \\
\log. \ 4\,755^{1,69} & = \ \underline{6,2136} \\
& \quad \ \ 14,4463 \\
\log. \ 450^{4,69} & = \ \underline{12,4445} \\
\end{array}
$$

$$\text{Differenz: } 2,0018$$

$$\text{N. log. } 2,0018 \ = 100,4$$

Wird die Leitung z. B. durch Ausdämpfen oder Ausspülen mit Tetralin von allen Verunreinigungen befreit, so daß die Innenoberfläche glatt ist, so könnten wir im günstigsten Falle mit der Formel

$$\frac{h}{l} = 76\,830 \cdot \frac{Q^{1,69}}{d^{4,69}}$$

rechnen.

$$h = 900 \cdot 76\,830 \cdot \frac{4755^{1,69}}{450^{4,69}} = 40,6 \text{ mm WS.}$$

$$
\begin{array}{ll}
\log. \ 900 & 2,9542 \\
\log. \ 76\,830 & 4,8854 \\
\log. \ 4755^{1,69} & \underline{6,2136} \\
& 14,0532 \\
\log. \ 450^{4,69} & \underline{12,4445} \\
\end{array}
$$

$$\text{Differenz: } 1,6087$$

$$\text{N. log. } 1,6087 = 40,6 \text{ mm WS.}$$

Um die zeitraubende Rechnung zu ersparen, hätte man auch die soeben errechneten Werte ungefähr aus dem Rechenstab (Abb. 23) ablesen können.

Die Gerade durch $Q = 4755 \text{ m}^3/\text{h}$ und $d = 450 \text{ mm}$ Dmr. schneidet die Linie des Druckverlustes bei 0,045 mm WS/lfd. m. Daraus ergibt sich der Druckverlust der Gesamtleitung

$$0,045 \cdot 900 = 40,5 \text{ mm WS.}$$

Die Leitung wird also, auch wenn sie gereinigt wird, für eine einwandfreie Versorgung des Niederdrucknetzes nur bei höherem Anfangsdruck ausreichen. Einer Vergrößerung des Gasabsatzes, die in dem noch nicht ausgebauten Versorgungsgebiet zu erwarten ist, ist sie nicht gewachsen.

Beispiel 2.

Das erwähnte Versorgungsgebiet soll vom Gaswerk aus durch eine neue Hochdruckleitung versorgt werden, die dem Zuge der alten Leitung folgend bis in den Schwerpunkt des Verbrauchsgebietes zu einer Druckreglerstation führt.

Länge der Leitung . . . . 2600 m,
Gasmenge wie vor . . . . 4755 m³/h,
geplanter Durchmesser . . 150 mm l. W. = 0,15 mm l. W.

Wir verwenden die Formel Gl. (12)

$$P_a{}^2 - p_e{}^2 = \frac{V_o{}^2 \cdot s \cdot l}{3600^2 \cdot d^5 \cdot c^2}$$

$$p_e = 320 \text{ mm WS.}$$

= 1,032 ata. (Vordruck für die Regler)

$c = 1649{,}7$ aus Zahlentafel 13 für Rohr 150 mm Dmr.

$$p_a{}^2 = \frac{4755^2 \cdot 0{,}42 \cdot 2600}{3600^2 \cdot 0{,}15^5 \cdot 1649{,}7^2} + 1{,}0320^2$$

$$p_a = \sqrt{7{,}305 + 1{,}061}$$

$$p_a = 2{,}89 \text{ ata} = 1{,}89 \text{ atü}$$

$V_o{}^2$	log. 4755²	= 7,3534
s	log. 0,42	= 0,6232 — 1
l	log. 2600	= 3,4150
		10,3916
3600²	log. 3600²	= 7,1126
d^5	log. 0,15⁵	= 0,8805 — 5
c^2	log. 1649,7²	= 6,4348
		9,4279

Differenz: 0,8637

N. log. 0,8637 = 7,305
$p_e{}^2$ = 1,061
Summe 8,366

p_a = $\sqrt{8{,}366}$ = 2,89 ata = 1,89 atü.

Für eine Leitung 200 mm Dmr. ergibt die Rechnung $p_a = 0{,}93$ atü. Statt der umständlichen Berechnung kann man für überschlägige Ermittelungen den Rechenstab verwenden. Für 100 mm Dmr. und die angegebenen Größen liest man ab p_a = rd. 7 atü.

Es empfiehlt sich, bei der Planung neuer Leitungen zunächst überschlägig mit Rechenstab den zweckmäßigsten Rohrdurchmesser zu ermitteln, und für diesen dann noch einmal die genaue Rechnung durchzuführen. Zur Erleichterung dienen die in Zahlentafel 13 beigefügten Werte für log. c^2 und log. d^5.

Beispiel 3.

An die schon erwähnte Versorgungsleitung von 450 mm Dmr. ist in 700 m Entfernung vom Gaswerk ein Großverbraucher angeschlossen. Hier sollen gelegentlich ca. 3000 m³ Gas/h entnommen werden. Die Leitung hat zu dieser Zeit nach dem dahinter gelegenen Stadtteil 3500 m³/h Gas zu liefern. Für die weitere einwandfreie Verteilung dieser Gasmenge hat sich durch Berechnung und Messung an anderen Tagen ein Druck von 100 mm WS am Ende der Zuführungsleitung in 900 m Entfernung vom Gaswerk als ausreichend erwiesen. (Vgl. Beispiel 1 und Abb. 22 a.)

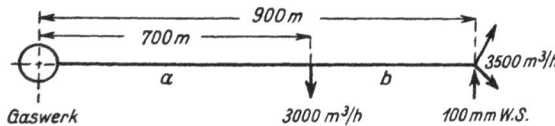

Abb. 22a.

Der Druckverlust des Leitungsabschnittes a ist dann nach dem Rechenstab = 0,03 mm WS/m und 200 · 0,03 = ... 6 mm WS, für Abschnitt b = 0,08 · 700 = ... = 56 » »

62 mm WS.

Bei glatter Innenwand der Leitung muß vom Gaswerk ein Druck von 100 + 62 = 162 mm WS gegeben werden. Mit Rücksicht auf Druckverluste in Krümmern, Schiebern und Wassertöpfen wird man den Anfangsdruck im Gaswerk etwas höher — bei ca. 180 mm WS — wählen müssen, um die einwandfreie Versorgung des Niederdrucknetzes nicht zu gefährden.

Führen wir die Rechnung für eine Leitung mit rauher Oberfläche durch unter Benutzung der Formel

$$\frac{h}{l} = 189900 \cdot \frac{Q^{1.69}}{d^{4.69}},$$

so erhalten wir einen Druckverlust von 147,26 mm für Leitungsabschnitt $a + b$. Der Anfangsdruck im Gaswerk müßte dann 247 mm WS betragen.

Beispiel 4.

Eine Straße, ähnlich der Straße 19 in Kapitel 4 soll im Anschluß an das vorhandene Leitungsnetz mit Gas versorgt werden. Der zu erwartende Gasverbrauch und die dadurch entstehende Belastung der Leitung wird nach der im 4. Kapitel angegebenen Weise ermittelt und ergibt folgendes Bild (Abb. 24).

Für die Berechnung wird folgendes angenommen: Am Ende der alten und Beginn der neuen Leitung wird bei x zur Zeit der höchsten

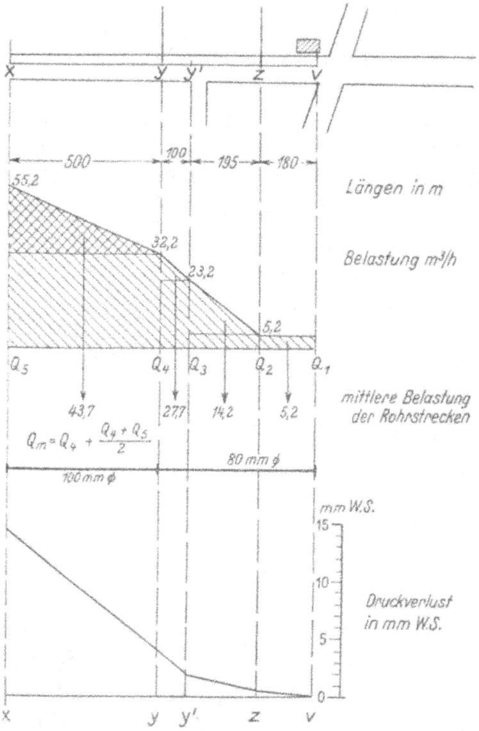

Belastung noch ein Druck von 100 mm WS gemessen. Er wird auch durch Anschluß der neuen Verbraucher nicht unter 95 mm WS absinken. Zum einwandfreien Betrieb der angeschlossenen Apparate genügt es, wenn an den Hausanschlüssen ein Druck von 80 mm WS zur Verfügung steht.

Wir können dann für das neue Leitungsstück einen Druckverlust von 15 mm WS zulassen unter der Voraussetzung, daß eine Verlängerung der Straße durch andere Zuführungsleitungen versorgt werden kann, eine Erweiterung der Gaslieferung durch die neue Leitung für spätere Zeiten daher nicht in Frage kommt.

Grundsätzlich sollte keine Leitung unter 80 mm Dmr. verlegt werden. Wir werden also für das letzte Stück unserer Rohrstrecke diesen Durchmesser wählen. Durch Berechnung nach der Formel

(Gl. 8)
$$\frac{h}{l} = 76830 \frac{Q^{1,69}}{d^{4,69}}$$

oder durch Ablesen aus dem Rechenstab erhalten wir für das Leitungsstück

$\overline{zv} = 0,0044$ mm WS/m oder bei 180 m Länge = 0,352 mm WS,

für $\overline{y'z} = 0,008$ » » » » 195 » » $\underline{= 1,560}$ » »

1,912 mm WS.

Für die restlichen 600 m steht uns noch ein Druckgefälle von 15 — 1,9 = rd. 13 mm WS zur Verfügung, das sind 0,0215 mm WS/m.

Für Leitungsstück

$\overline{xy}$ 80 mm Dmr. 0,02 mm/m für 100 m = 2 mm WS,

$\overline{yy'}$ 100 » » 0,021 » » 500 » $\underline{= 10,5}$ » »

zus.: 12,5 mm WS.

Abb. 24. Bild einer Verteilungsleistung. (Straße 19, Beispiel 4 im 5. Kap., VII.)

Für die gesamte Leitungsstrecke

$\overline{xv'}$ wird sich also ein Druckverlust von $1,912 + 12,5 = 14,412$ mm WS einstellen.

Beispiel 5.

Zwei parallele Leitungen, entsprechend den beiden Leitungen in Straße 13 und 14 der Abb. 15, Kapitel 4, führen zu einem Druckregler oder Großverbraucher. Der Durchmesser der Leitung 13 ist 200 mm, Durchmesser der Leitung 14 = 250 mm. Die Länge jeder Leitung beträgt 1700 m, der Verbrauch am Ende der Leitung 780 m³/h.

Wir ermitteln zunächst die Gasmenge, die durch jede einzelne Leitung strömt, nach der Gleichung (15a)

$$\frac{Q_1}{Q_2} = \frac{d_1^{2,78}}{d_2^{2,78}} = \frac{200^{2,78}}{250^{2,78}} = 1,86,$$

demnach

$$Q_1 = \frac{780}{1 + 1,86} = 273 \text{ m}^3/\text{h}.$$

$$Q_2 = 780 - 273 = 517 \text{ m}^3/\text{h}$$

Für die berechnete Menge entnehmen wir nun dem Rechenstab einen Druckverlust von $0,018$ mm/lfd. m $= 0,018 \cdot 1700 = 30,6$ mm WS.

Beispiel 6.

Für vorstehende Betriebsverhältnisse wird noch eine dritte Leitung mit 150 mm Dmr. zur Lieferung der erforderlichen Gasmenge (780 m³/h) herangezogen. Die durch jede Leitung strömende Gasmenge kann jetzt folgendermaßen berechnet werden:

$$\frac{Q_3}{Q_1} = \left(\frac{150}{200}\right)^{2,78} = \frac{1}{2,225}$$

$$\frac{Q_3}{Q_2} = \left(\frac{150}{250}\right)^{2,78} = \frac{1}{4,138}.$$

Die Gasmengen, die durch jede Leitung fließen, verhalten sich wie 1 : 2,225 : 4,138. Zusammen sind das $1 + 2,225 + 4,138 = 7,363$ Teile. Daraus ergibt sich

$$Q_3 = \frac{780}{7,363} \cdot 1 = 105,5 \text{ m}^3/\text{h},$$

$$Q_2 = \frac{780}{7,363} \cdot 2,25 = 237,5 \text{ m}^3/\text{h},$$

$$Q_1 = \frac{780}{7,363} \cdot 4,138 = 437,0 \text{ m}^3/\text{h}.$$

Hiermit ergibt die Berechnung des Druckverlustes in der bekannten Weise $0,0125$ mm WS/lfd. m $= 21,25$ mm WS.

VIII. Die moderne Gasverteilung beschäftigt sich nun nicht allein mit der Verteilung des Gases in den Straßen bis zum Anschluß des einzelnen Grundstückes, sondern muß auch den Abmessungen der Leitung im Innern der Gebäude bis zum Verbrauchsgerät Beachtung schenken. Der Endzweck der ganzen Rohrnetzberechnung ist es ja, einen ungestörten, einwandfreien Betrieb der angeschlossenen Geräte zu ermöglichen (vgl. Kapitel 3C, Abschnitt IV, Abs. 1).

Wie schon bei der Berechnung der Straßenleitungen müssen wir auch bei Berechnung der Gasleitungen zum Gerät feststellen, daß eine Zahlentafel der »erforderlichen Durchmesser« bei bestimmten Gasmengen und Leitungslängen uns nicht viel helfen kann. Die Fortschritte der Gasverteilung unter höherem Druck geben uns heute auch Möglichkeiten, einer »viel zu engen« Leitung noch genügende Gasmengen zu entnehmen. Allein der Druckverlust ist es wieder, den wir feststellen müssen und dessen Kenntnis uns dann die Auswahl des wirtschaftlichen Rohrdurchmessers und richtigen Anfangsdruckes ermöglicht.

Wir brauchen uns jedoch nicht wieder mit langen Ableitungen von Formeln aufzuhalten; denn grundsätzlich sind die Strömungsvorgänge bei den Innenleitungen dieselben wie bei den Außenleitungen. Nur die Reibungswiderstände werden der Rohrwand entsprechend verschieden von der der Guß- oder Stahlrohrleitungen sein, die meist mit einem verhältnismäßig glatten Innenanstrich versehen sind.

Zur Ermittelung der Reibungswiderstände müssen wir wieder auf die Ergebnisse der Versuche zurückgreifen. Gerade für die schmiedeeisernen Rohre der Innenleitungen stehen uns zahlreiche Versuche zur Verfügung, die Biegeleisen durchgeführt hat. Hieraus leitet er folgende Formeln ab

unterhalb der kritischen Geschwindigkeit

Gl. (17) $$\frac{h}{l} = 19770 \cdot \frac{Q}{d^4}$$

oberhalb der kritischen Geschwindigkeit

Gl. (18) $$\frac{h}{l} = 97710 \cdot \frac{Q^{1.73}}{d^{4.73}}.$$

Darin bedeuten wieder:

$h =$ Druckverluste in mm WS,
$l =$ Rohrlänge in m,
$Q =$ Gasmenge in m³/h,
$d =$ Rohrdurchmesser in mm.

Die vorstehenden Formeln gelten für die Berechnung neuer Leitungen. Rohre, die schon längere Zeit in Benutzung sind, werden wohl immer einen mehr oder weniger großen Rostansatz zeigen und dadurch rauhere Oberflächen und größere Strömungswiderstände aufweisen. Biegeleisen gibt für gebrauchte Rohre an:

unterhalb der kritischen Geschwindigkeit

Gl. (17 a)
$$\frac{h}{l} = 38170 \cdot \frac{Q}{d^4}$$

oberhalb der kritischen Geschwindigkeit

Gl. (18 a)
$$\frac{h}{l} = 205300 \cdot \frac{Q^{1,73}}{d^{4,73}}.$$

Bei vorhandenen Leitungen, die auf ihre Leistungsfähigkeit geprüft werden sollen, ist es jedoch immer zweckmäßiger, statt einer Berechnung den Versuch vorzunehmen; denn der Zustand des Rohrinnern ist ja nicht bekannt und die Messung des Druckverlustes meist leicht durchzuführen. Es gibt außerdem sehr gut durchgebildete Belastbarkeitsprüfer für Gasleitungen, welche die Druckverluste bei verschieden großen Gasmengen leicht ablesen lassen.

Die nachstehende Zahlentafel 15 und Kurven Abb. 25 sind leicht zur Ermittelung des Druckverlustes jeder Leitung bei gegebener Belastung anzuwenden. Sie sind nach den oben angeführten Formeln für neue Rohrleitungen berechnet. In Rohrnetzen, bei denen man mit stärkerer Verschmutzung auch der Innenleitungen zu rechnen hat, wird man zweckmäßig einen Zuschlag zu den aus der Zahlentafel 15 oder den Kurven Abb. 25 ermittelten Leitungsdurchmessern machen.

Zahlentafel 15.
Druckverlust der Innenleitungen.

Druck-verlust mm WS	Rohrdurchmesser								
	$^3/_8{''}$	$^1/_2{''}$	$^5/_8{''}$	$^3/_4{''}$	$1{''}$	$^5/_4{''}$	$1^1/_2{''}$	$2{''}$	in Zoll
	9,5	13	16	19	25,5	32	38	51	in mm
2	0,9	2,25	3,75	6,15	13,8	25,5	43,95	90,90	
1,5	0,7	1,95	3,30	5,45	11,65	21,9	41,0	76,50	
1,0	0,45	1,5	2,55	4,50	9,20	16,65	38,0	61,05	
0,5	0,30	0,9	1,65	2,90	6,0	11,55	18,3	40,85	
0,25	0,13	0,35	0,90	1,35	4,5	7,65	12,40	27,45	
0,20	—	0,3	0,75	1,20	3,7	6,75	11,10	24,0	
0,15	—	0,2	0,55	0,90	3,10	6,05	9,0	29,8	
0,125	—	0,15	0,38	0,75	2,70	5,10	8,9	18,3	
0,10	—	0,14	0,30	0,60	2,15	4,50	7,5	15,8	
0,08	—	—	0,15	0,50	1,80	4,0	6,6	14,25	
0,07	—	—	0,14	0,45	1,60	3,75	6,15	14,10	
0,06	—	—	—	0,40	1,30	3,20	5,75	12,2	
0,05	—	—	—	0,30	1,05	2,70	5,30	11,70	
0,045	—	—	—	0,30	0,92	2,40	4,90	10,2	
0,04	—	—	—	0,20	0,90	2,15	4,05	9,5	
0,035	—	—	—	0,18	0,75	1,95	3,75	8,99	
0,03	—	—	—	0,15	0,65	1,65	3,15	7,95	
0,028	—	—	—	—	0,60	1,50	3,00	7,65	
0,026	—	—	—	—	0,55	1,35	2,85	7,50	
0,025	—	—	—	—	0,50	1,30	2,70	7,35	

Gasdurchgang m³/h

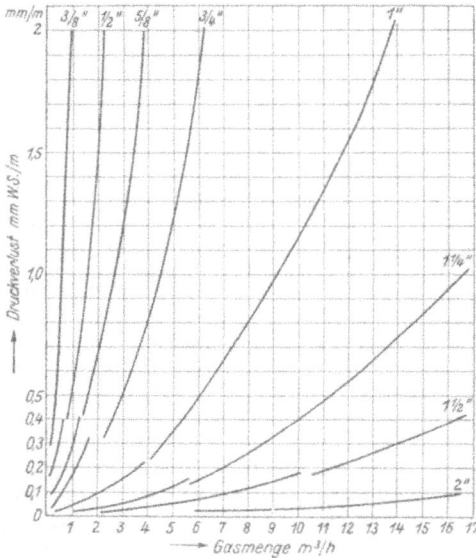

Abb. 25. Druckverlust der Innenleitungen
in mm WS/m.

»Der Gasverbrauch G. m. b. H.-Berlin« hat 1927 Versuche über den Druckverlust an schmiedeeisernen Innenleitungen durchgeführt, deren Ergebnisse sich im wesentlichen mit den hier angegebenen Zahlen decken [II 35 u. 39].

Die Berechnung einer Installationsanlage mit verschiedenen angeschlossenen Geräten wird nun entsprechend der Berechnung der Straßenleitungen durchgeführt. Man teilt die Gesamtleitungen in Strecken mit konstanter Belastung ein und berechnet für sie die Druckverluste. Bei Steigeleitungen wird man den Druckzuwachs durch den Höhenunterschied nach der Zahlentafel 14 dabei zu berücksichtigen haben. Bei Neuanlagen empfiehlt es sich, die Steigeleitungen so zu bemessen, daß bei größter Belastung der Druckverlust durch die Strömung durch den Druckzuwachs des Höhenunterschiedes ausgeglichen wird. Es wird das jedoch nur bei feststehender Belastung und nicht zu großen Spitzen möglich sein.

Für die Berechnung der Wohnungsleitungen erübrigt sich in den meisten Fällen die Berücksichtigung der Höhenunterschiede, da die auf- und abführenden Leitungen gleiche Längen haben werden.

Besondere Rechnungen, wie z. B. Berechnung von Doppelleitungen, werden entsprechend den Formeln für die Berechnung der Straßenleitungen durchgeführt. Es erübrigt sich, hierauf einzugehen, zumal solche Aufgaben in der Praxis sehr selten zu lösen sind.

6. Kapitel.

Technik und Wirtschaft der Gasverteilung.

A. Bau der Gasrohrleitungen.

Die Kapitel 4 und 5 zeigten uns die Vorarbeiten, welche für Neubau, Ergänzung und Erweiterung von Gasverteilungsanlagen zu leisten sind:

Ermittlung der Gasverteilungsleistung des Rohrnetzes für die übersehbar nächste Zukunft (25 bis 30 Jahre),

Planung gewisser Maßnahmen für spätere Anpassung an unerwartete Entwicklung des Gasverkaufs,

Festlegung des Betriebsdruckes für die einzelnen Wachstumsstufen der geplanten Gasverteilung und

Berechnung der Rohrdurchmesser.

Nach Erledigung dieser Vorbereitungen gehen wir an die Bauausführung.

I. Die erste Arbeit ist die genaue Festlegung der Lage der Rohrleitung nach der Karte. Schon hierbei kann wertvolle Vorarbeit geleistet werden, wenn man die schon vorhandenen Rohrleitungen, Kabel, Schächte, Tankanlagen usw. in die Karte einträgt und die Führung der neuen Leitung so auswählt, daß möglichst wenig Störungen der Bauausführung durch andere Leitungen zu erwarten sind. Auch die Möglichkeit des Auftretens abirrender elektrischer Ströme[32]) wird man beim Studium der Karte erwägen und die Leitungsstrecke, wenn irgend angängig, so führen, daß sie z. B. für die Rückleitung von Straßenbahnströmen keinen bequemen Weg bildet [I 8 (2b)]. Läßt sich das nicht vermeiden, so sucht man rechtzeitig passende Stellen zum Einbau von Isolierstücken aus. Ebenfalls kann die Lage der Bezirksregleranlagen schon nach der Karte festgestellt werden. Dabei ist der Geländeerwerb zu prüfen und die Frage des Einbaus der Regler, ob oberirdisch oder unterirdisch, zu entscheiden. Ferner wird man sich vorausschauend mit den zuständigen Bauämtern in Verbindung setzen, um alle erforderlichen Genehmigungen zu erlangen. Je frühzeitiger das geschieht, desto besser

---

[32]) Vgl. 6. Kap. C I vorletzter Satz!

kann die Lage der Leitung und Regleranlagen den Wünschen der in Frage kommenden beteiligten Behörden angepaßt werden.

Sind alle diese Punkte der Planung festgelegt, so folgt die Besichtigung des Geländes. Hierbei ist vor allem auf die Beschaffenheit des Bodens zu achten. Von allen Stellen, an denen sich das Aussehen des Bodens ändert, sind Proben zu entnehmen und daraufhin zu untersuchen, ob sie Stoffe enthalten, die dem Material der Leitung schaden können. Man wird Stellen mit schädlichen Stoffen lieber durch die Wahl einer anderen Leitungsstrecke umgehen oder, wenn dies nicht möglich, geeignete Bau- und Isolierstoffe für die Leitung vorsehen. Da die Röhrenlieferwerke Laboratorien unterhalten, welche die Eignung der Bau- und Isolierstoffe für Rohrleitungen in den verschiedensten Bodenarten prüfen können, so wird man von ihnen nach Klärung der Bodenbeschaffenheit für die Wahl geeigneter Stoffe bereitwilligst Vorschläge erhalten.

II. Baustoffe für Gasrohrleitungen sind hauptsächlich Gußeisen und Stahl.

Gußrohre werden für Niederdrucknetze wegen der größeren Wandstärken dort bevorzugt, wo Anfressen des Rohrmaterials durch die Beschaffenheit des Bodens oder durch andere Einwirkungen zu befürchten ist, denn die Gußhaut bildet in unverletztem Zustande einen guten Schutz gegen chemische Zersetzungen. Ungünstige Bodenarten sind z. B. Moor, aufgeschüttete Asche, Schlacke, manche Tonböden, besonders bei wechselnder Feuchtigkeit und salzhaltige Böden. Allen diesen Angriffen widersteht das Gußeisen besser als Stahl. Gegen die Anwendung der Gußrohre sprechen ihr großes Gewicht, der dadurch erschwerte Transport und die schwierige Handhabung bei den Verlegungsarbeiten, besonders bei größeren Rohrweiten die größere Bruchgefahr und die verhältnismäßig kurzen Baulängen.

Gußrohre, die nach dem Schleudergußverfahren hergestellt werden, weisen eine größere Gleichmäßigkeit der Wandstärken und höhere Festigkeit auf als gewöhnliche Sandgußrohre. Zwar sind die Gußrohre jahrzehntelang ausschließlich für die Niederdrucknetze verwendet worden; aber die Anwendung eines höheren Gasdruckes und die erhöhte Bruchgefahr infolge des gesteigerten Verkehrs brachten die stetig zunehmende Beliebtheit der Stahlrohre mit sich.

Die Stahlrohre werden nahtlos mit allen Durchmessern hergestellt. Bei Rohrweiten über 300 mm Dmr. verwendet man auch wassergasgeschweißte Rohre. Die Baulängen sind nicht durch die Herstellung, sondern durch die Rücksichten auf den Transport bestimmt und betragen bei Rohren mit kleinerem Durchmesser 12 bis 14 m, bei größeren Rohren 6 bis 8 m. Da die Wandstärke eines Stahlrohres nur wenige Millimeter beträgt, sind die Rohre erheblich leichter als Gußrohre und die Transportkosten dadurch geringer. Auch die Verlegungsarbeiten gestalten sich durch den Fortfall großer Hebeeinrichtungen in vielen Fällen einfacher. Mit ein Hauptvorteil der Stahlrohre ist die Sicherheit gegenüber Bruchgefahr. Man verwendet Stahlrohre daher besonders dort, wo durch Erschütterungen des Verkehrs, durch Bodenbewegungen oder andere Einflüsse eine erhöhte Bruchgefahr auftritt oder wo Biegungsbeanspruchungen bei Brückenleitungen oder Dükern eine höhere Festigkeit des Rohres verlangen.

Unter dem Namen »Eternit« ist in letzter Zeit ein Material in den Handel gebracht worden, das aus einer besonderen Zusammensetzung von Asbest und Zement besteht und fast völlig unempfindlich gegen Säuren und Salze ist. Aus diesem Material werden Rohre hergestellt, die entweder durch Bleimuffen oder besondere Gummimuffen miteinander verbunden werden können. Diese Rohrleitungen sind vorläufig hauptsächlich zur Fortleitung von Säuren und ätzenden Gasen benutzt worden. Einige Wasserleitungen sind ebenfalls daraus hergestellt. Es ist aber ohne weiteres möglich, aus solchem oder ähnlichem Material Rohre herzustellen, die zur Fortleitung von Leuchtgas geeignet sind. Normalerweise halten diese Rohre einen Betriebsdruck von 6 atü aus, können jedoch auch für höhere Drücke angefertigt werden. Neben der Säurebeständigkeit und der Isolierung gegen elektrischen Strom [I 8 (2 b)] ist ein Vorzug dieser Rohre das außerordentlich geringe Gewicht und die Möglichkeit, durch Werkzeuge, wie sie bei der Holzbearbeitung gebräuchlich sind, dieses Material bearbeiten zu können. Der Nachteil ist die erhöhte Bruchgefahr, die gerade durch die Stahlrohrleitungen ausgeschaltet wurde. Es kann jedoch von Wert sein, durch Einbau einzelner Rohrstücke in Guß- oder Stahlrohrleitungen die in diesen fließenden elektrischen Ströme zu unterbrechen und so die Leitung vor der Zerstörung zu schützen.

III. Die Stahlrohre selbst sind, wie schon vorher erwähnt, gegen die chemischen Einflüsse der verschiedenen Bodenarten sehr empfindlich. Sie müssen daher mit besonderen Schutzanstrichen versehen werden, die gleich im Röhrenlieferwerk aufgebracht werden. Lediglich die Anstrichstellen, bei denen durch den Transport oder durch die Verlegungsarbeiten Beschädigungen entstanden sind, werden auf der Baustelle ausgebessert.

Guß- und Stahlrohre werden sofort nach beendeter Herstellung in beheizte Bäder getaucht, die vornehmlich Steinkohlenteerprodukte enthalten. Stahlrohre bekommen außerdem eine Bewickelung mit Jute, Wollfilzstreifen oder Schirting, die durch heißflüssiges Steinkohlenteerpech gezogen sind. Da alle Produkte des Steinkohlenteers besonders bei tiefen Temperaturen spröde sind, verwendet man mehr und mehr bituminöse Massen, die aus Erdölbitumen und verschiedenen Füllstoffen bestehen. Aber auch Bitumen weist bei tiefen Temperaturen eine gewisse Sprödigkeit auf. Daher verwendet man für Rohrverlegungen in strengem Frost besondere weichere Bitumina. Damit beim Lagern der Rohre nicht durch Sonnenbestrahlung der Schutzanstrich zu stark erwärmt wird und dadurch flüssig wird, werden die Rohre noch mit einem Kalküberzug versehen.

Eine neue Art von Schutzanstrichen besteht aus besonderen Gummi- und Harzstoffen. Diese Anstriche haben vor dem Asphaltüberzug den Vorteil, daß sie außerordentlich fest an der Rohrwand haften und in hohem Grade elastisch sind; sie springen also auch bei Schlägen und Stößen nicht von der Rohrwand ab. Man kann daher auf die Umwickelung mit Faserstoffen verzichten und sich mit einem einfachen Anstrich des Rohres begnügen. Für die Ausbesserungen an der Baustelle ist es sehr angenehm, daß diese Anstriche in kaltem Zustand auf das Rohr aufgebracht werden können. Es ist damit eine größere Gewähr dafür gegeben, daß die Arbeit sorgfältiger ausgeführt wird, als wenn in dem engen Rohrgraben mit heißen Flüssigkeiten gearbeitet wird. Diese Rohrisolierungen scheinen sich aber infolge ihres hohen Preises nicht weiter einzuführen.

In neuester Zeit verwenden die Vereinigten Stahlwerke A.-G.-Düsseldorf ein gummilegiertes Bitumen, das die Bezeichnung »Neobitumen« führt. Es wird nicht spröde und erweicht erst bei Temperaturen über 110°, ist außerordentlich zäh und gibt einen lücken- und porenfreien Überzug, der das Rohr gegen alle Angriffe schützt.

Ebenso wie das Rohrmaterial gegen die zerstörenden Einflüsse des Bodens einen Schutz erhalten muß, kann es auch gegen die chemischen Zersetzungen durch Gase von innen her gesichert werden. Man verwendete zunächst eine Asphaltierung. Diese wird aber im Laufe der Zeit durch das Gas selbst gelöst und kann gerade dadurch zur Verstopfung von Leitungen führen. Die gelöste Asphaltmasse bildet auch feine Flocken, die mit dem Gase fortgeführt werden und sich an empfindlichen Teilen, z. B. Druckreglern und Gasmessern, störend lagern. Man ging daher dazu über, an Stelle des Asphaltanstriches nur einen dünnen Anstrich von Leinöl zu verwenden, der hauptsächlich die Aufgabe hat, während des Transportes die innere Rohrwand vor dem Anrosten zu schützen. Für den Betrieb kann man durch besondere Zusätze zum Gas einen Innenschutz der Rohre herbeiführen. Außerdem wird die Reinigung des Gases immer mehr verfeinert, und man entfernt alle Stoffe, die zu Angriffen auf die Rohrwand führen.

Für Gase, die besonders stark das Material der Stahlleitungen zersetzen, verwendet man auch eine Ausschleuderung mit Neobitumen. Ein auf diese Weise hergestellter Überzug ist außerordentlich glatt und verursacht bei der Fortleitung des Gases einen erheblich geringeren Reibungswiderstand im Rohr.

IV. Auf dem Transport sind gußeiserne Rohre gegen Bruch besonders zu schützen. Sie werden in Stroh verpackt oder mit Strohseilen umwickelt.

Stahlrohre sind selbst unzerbrechlich. Sie können ohne Schaden zu nehmen hart auffallen, Stöße aushalten und vertragen dank ihrer Elastizität bis zu einem gewissen Grade auch Formänderungen. Der Schutzanstrich des Rohres ist jedoch sehr empfindlich; er muß vor Stößen sorgfältig behütet werden. Eiserne Rungen und Beschläge der Beförderungsmittel werden daher mit Stroh gepolstert. Zum Heben der Rohre beim Ein- und Umladen dürfen nur Hanfseile oder noch besser Gurte verwendet werden. Ketten, Drahtseile und Brechstangen dürfen keinesfalls zur Bewegung der Rohre benutzt werden. Beim Abladen vom Waggon oder Lastwagen läßt man die Rohre auf glatten oder strohumwickelten Unterlagen einzeln abrollen und fängt sie am Boden auf elastischen Unterlagen, z. B. Strohsäcken, alten Autoreifen u. dgl. auf, damit Gegeneinanderschlagen der Rohre und Aufstoßen vermieden wird.

Sollen die Rohre längere Zeit gelagert werden, so sind sie gegen Beschädigung der Isolierung und gegen starke Sonnenbestrahlung zu schützen. Ebenso müssen Vorkehrungen getroffen werden, welche die Rohre gegen Anfahren durch Fuhrwerke schützen. Beim Abladen an der Baustelle sind die Rohre von vornherein richtig hinzulegen. Bergaufführende Leitungen müssen von Anfang an mit den Muffen nach oben gelegt werden, damit das Verstemmen und Vergießen keine unnötigen Schwierigkeiten bereitet. Bei Leitungen ohne größeres Gefälle verlegt man die Muffen in Richtung zum Gaswerk, damit die Strömung im Rohre geringere Widerstände findet.

Vor Beginn der eigentlichen Verlegung müssen die Rohre sorgfältig auf einwandfreie Beschaffenheit der Rostschutzhaut geprüft werden. Beschädigte Stellen werden ausgebessert. Hierzu ist nur die gleiche Masse zu benutzen, die sich auf dem Rohr befindet. Ersatzmasse wird vom Röhrenwerk mitgeliefert. Die Ausbesserung der beschädigten Stellen geschieht in der Weise, daß das Rohr zunächst mit dem flüssig gemachten Schutzmittel bestrichen wird, dann legt man darüber ein Juteband, das vorher in das Isoliermittel eingetaucht ist. Hierbei ist darauf zu achten, daß das Band fest auf das Rohr zu liegen kommt. Nach dem Erkalten wird die Stelle nochmals mit einem Isolieranstrich versehen.

V. Der Rohrgraben muß in ausreichender Tiefe und Breite hergestellt werden. Gasrohrleitungen sollen so tief verlegt sein, daß sie den Einwirkungen des Frostes entzogen sind. Man wird daher Deckungen von 1 m bis 1,20 m wählen. In Gegenden, in denen stärkere Fröste zu erwarten sind, gebe man noch größere Deckungen. Dabei ist zu beachten, daß in Straßen, in denen der Schnee regelmäßig entfernt wird, der Frost tiefer in die Erde eindringt als auf freiem Felde, wo eine Schneedecke vorhanden ist. In feuchtes Erdreich dringt der Frost auch nicht so tief ein wie in trockenes. In Straßen mit starkem Verkehr wird man die Deckung möglichst groß wählen, um die Verkehrserschütterungen von der Rohrleitung fernzuhalten.

Die Breite des Rohrgrabens soll mindestens 40 cm mehr als der Rohrdurchmesser betragen, damit ein einwandfreies Feststampfen des aufgefüllten Bodens zu beiden Seiten des Rohres noch möglich ist. Wird der Rohrgraben in Felsboden hergestellt, bei dem Sprengungen notwendig sind, so ist er mindestens 15 cm tiefer als die Unterkante des Rohres auszuheben. Die Breite ist so zu wählen, daß bei Ausbesserungen an der Leitung keine Sprengungen vorgenommen zu werden brauchen. Werden Kopflöcher für Schweißung im Graben hergestellt, so ist für gute Zugänglichkeit der Schweißstellen zu sorgen. Der Abstand des Rohres von der Grabensohle und den Seitenwänden soll in den Kopflöchern mindestens 600 mm, die Länge der Grube auf der Muffenseite bis zur Schweißstelle nicht unter 1100 und auf der Schwanzseite nicht unter 400 mm betragen.

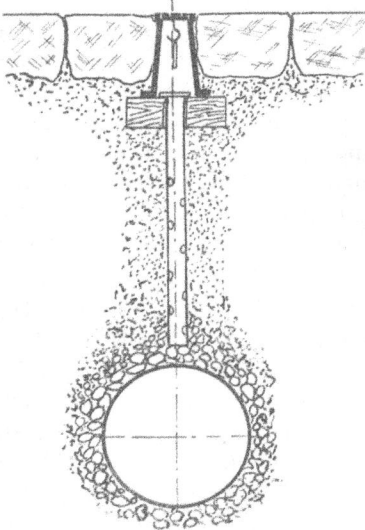

Abb. 26. Verlustanzeiger.

Beim Zufüllen des Rohrgrabens wird der Boden in derselben Reihenfolge wie beim Ausheben wieder eingefüllt und lagenweise festgestampft. Hierbei ist besonders darauf zu achten, daß auch unterhalb des Rohres und zu beiden Seiten gut gestampft wird. Steine und Stoffe, die der Fäulnis unterworfen sind, dürfen zum Zufüllen des Rohrgrabens in der Nähe des Rohres nicht verwandt werden. Ebenso soll Boden, der für das Rohr schädliche Stoffe enthält, nicht in den Rohrgraben eingefüllt werden. Läßt sich das nicht vermeiden, so ist das Rohr mit einer Schicht von mindestens 15 cm Stärke mit sauberem Grand zu umgeben.

An jeder Schweißstelle erhält der Rohrgraben eine Schüttung von grobem Kies, der bei auftretender Undichtigkeit dem Gas einen Weg an die Erdoberfläche freigibt. Um solche Undichtigkeiten leicht und sicher aufzufinden, setzt man am besten über jede Schweißstelle ein Prüfrohr und eine Prüferkappe wie in beiliegender Abb. 26 dargestellt. Auf jeden Fall müssen diese Prüfer in bebauten Gegenden, in der Nähe geschlossener Ortschaften, auf 30 bis 50 lfd. m gerader Leitung, auf

Dehnungsstücken, Stopfbüchsen, Straßenbogen und an Straßenkreuzungen eingebaut werden. Die geringe Verteuerung der Leitungskosten macht sich häufig schon an der Arbeitsersparnis beim Auffinden der ersten Undichtigkeit bezahlt[33]).

VI. Die Verbindung der einzelnen Rohre geschieht hauptsächlich durch Muffen. Für Gußrohre wendet man nur Muffen mit Bleidichtung an. Die ineinander gesteckten Rohre werden zunächst durch Jute und Hanf abgedichtet und dann der verbleibende Hohlraum der Muffe entweder mit flüssigem Blei ausgegossen oder durch Bleiwolle ausgefüllt, die durch besondere Eisen festgestampft wird. Je nach den Anforderungen, die an die Rohrleitung gestellt werden, haben sich nun verschiedene Muffenformen herausgebildet, die in Abb. 27 gegenübergestellt sind [II 36]. Die Muffen mit längeren Führungen werden überall dort verwendet, wo durch Bodenbewegungen, durch starke Temperaturschwankungen od. dgl. ein Herausziehen des Rohres aus der Muffe befürchtet wird. Bei allen Bleimuffenformen sind Abweichungen von

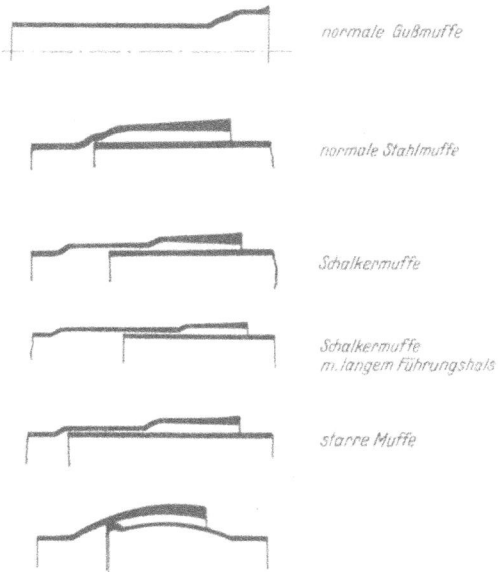

Abb. 27. Bleimuffen für Gußrohr.

der Geraden in der Muffe nicht zulässig, da die Dichtung dann nicht mehr ordnungsgemäß und zuverlässig verstemmt werden kann. Abweichungen können daher nur durch besondere Krümmerformstücke verlegt werden. Um diesem Nachteil abzuhelfen, haben die Mannesmann-Röhrenwerke die in Abb. 27 dargestellte Kugelbleimuffe entwickelt, die Knicke in der Muffe bis etwa 8° zuläßt und durch die Erweiterung am Muffenende gegen Biegungsbeanspruchungen wesentlich widerstandsfähiger ist.

Alle diese Muffenformen lassen sich auch ebenso bei Stahlrohren ausführen. Werden die Stahlrohre nahtlos hergestellt, so dient der bei der Auswalzung des Rohres verbleibende Pilgerkopf zur Herstellung der verstärkten Muffen. Bei Wassergas- oder elektrisch geschweißten Rohren erreicht man die zur Herstellung der Muffen notwendige Materialver-

---

[33]) Vgl. 6. Kap. C IV 6.

stärkung durch Bördelungen oder Aufziehen besonderer Ringe, wie in der Abb. 28 dargestellt.

Bei Stahlrohren bevorzugt man jedoch mehr die Verbindung der einzelnen Rohre durch Schweißen. Gerade die Anwendung der Schwei-

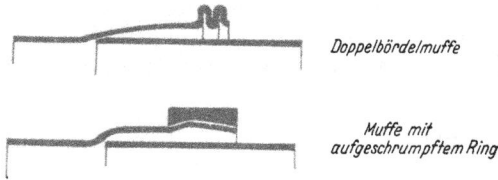

Abb. 28. Bleimuffen für Stahlrohr.

ßung sicherte dem Stahlrohr einen großen Vorsprung vor den Gußrohren. Bei der Beurteilung aller Schweißverbindungen muß man sich klar darüber sein, daß ihre Festigkeit in hohem Maße von der Sorgfalt und Geschicklichkeit des Schweißers abhängt. Deshalb muß das größte Gewicht auf zuverlässiges Personal und gründliche, ohne Überlastung ausgeführte Arbeiten gelegt werden. Erst in zweiter Linie hat die Form der Schweißmuffe oder Schweißverbindung einen Einfluß auf die Festigkeit. Auch für die Ausführung der Schweißung haben sich ebenso wie bei Gußrohren und Bleidichtungen für die verschiedensten Verwendungszwecke besondere Muffenformen entwickelt, die in Abb. 29 gegenübergestellt sind. Die stumpfe Schweißverbindung wird nur für geringe Gasdrücke und kleine Rohrdurchmesser angewandt. Die normale Schweißmuffenverbindung für höhere Drücke dort, wo keine Bodenbewegungen die Rohrleitung beanspruchen. Ist zu befürchten, daß durch Erschütterungen, starke Temperaturschwankungen oder andere Einflüsse die Leitung auf Zug oder Biegung beansprucht wird, so sind neben der einfachen Muffe besondere Vorrichtungen zu treffen, die diese zusätzlichen Beanspruchungen von der Schweißnaht fernhalten.

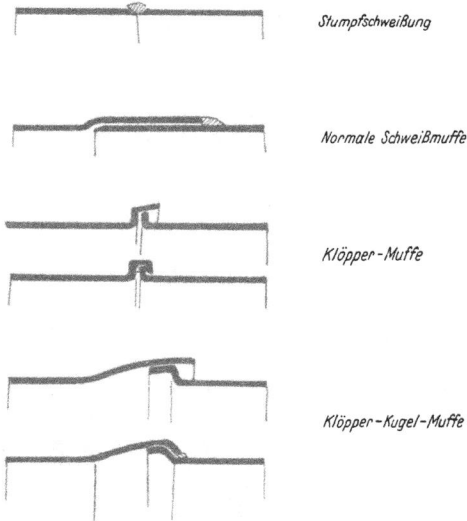

Abb. 29. Schweißmuffen.

Die Schweißung selber soll lediglich der Dichtung dienen (Abb. 30). Da die Schweißverbindung eine Längenänderung der Rohrleitung nicht zuläßt, so müssen entweder besondere Ausdehnungsstücke in die Leitung eingebaut werden oder die Schweißmuffe muß durch Anordnung von Rillen und Sicken imstande sein, kleine Längenänderungen der Rohres auszugleichen.

Beim Schweißen entstehen durch die Wärme Spannungen im Material, deren Größe mit der Länge der herzustellenden Schweißnaht wächst. Infolgedessen werden die Schweißverbindungen bei kleineren Rohrdurchmessern zuverlässiger sein als bei großen Rohren, wenn nicht die Form der Muffe auch diese Spannung ausgleicht. Eine gute und haltbare Verbindung kann nur mit reinen Gasen und gutem Schweißdraht hergestellt werden. Daher muß auch dafür Sorge getragen werden, daß während des Schweißens keinerlei Fremdstoffe in das Material gelangen. Eine gründliche Säuberung aller der Erwärmung ausgesetzten Rohrteile von allen anhaftenden Anstrichresten ist daher vor jeder Schweißung durchzuführen. Geschieht die Verbindung durch besondere Muffen, so ist darauf zu achten, daß das glatte Ende dieses Rohres fest in die Muffe eingetrieben wird und die Achsen der beiden zu verbindenden Rohre genau ineinander fallen, andernfalls treten in der Naht Spannungen auf, die zu Undichtigkeiten führen können. Kleine Abweichungen von der Geraden sollen nicht in der Muffe ausgeglichen werden. Die Verwendung des Stahlrohres gibt die Möglichkeit, durch Anwärmen eines außerhalb der Muffe liegenden Rohrstückes eine Einbeulung der Rohrwand an einer Stelle vorzunehmen und dadurch die Richtung der Rohrleitung zu ändern. Größere Richtungsänderungen können bei Niederdruckleitungen durch Herausschneiden eines Sektors aus der Leitung und erneutes Zusammenschweißen vorgenommen werden. Bei Hochdruckleitungen verwendet man für größere Richtungsänderungen besondere Krümmer.

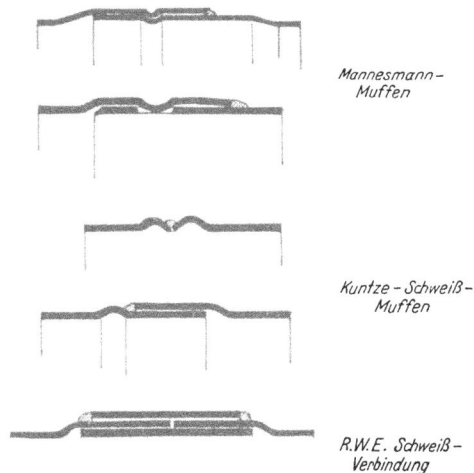

Mannesmann-Muffen

Kuntze-Schweiß-Muffen

R.W.E. Schweiß-Verbindung

Abb. 30. Schweißmuffen für Sonderzwecke.

Weil die Ausführung der Schweißung große Sorgfalt erfordert, muß auf bequeme Arbeitsbedingungen und die Möglichkeit leichter Überwachung geachtet werden. Man wird daher möglichst viele Rohrverbindungen außerhalb des Rohrgrabens vornehmen. Soweit es der Rohrdurchmesser und die örtlichen Verhältnisse zulassen, verschweißt man die Rohre in langen Teilstrecken untereinander, wobei die Rohre gedreht werden, damit die Schweißung immer von oben ausgeführt werden kann. Die längeren Rohrstrecken werden dann in den Graben abgesenkt und hier nur die notwendigen Verbindungen ausgeführt. Im Rohrgraben läßt sich die nach oben gerichtete Schweißung, die sog. Kopf-

schweißung, nicht vermeiden. Es sind daher hierfür besondere Kopflöcher im Rohrgraben anzufertigen, die eine bequeme Arbeitslage des
Schweißers ermöglichen. Bei kleineren Rohrleitungen (bis etwa 100 mm)
wird man die Schweißung im Graben nach Möglichkeit vermeiden. Eine
längere Rohrstrecke läßt eine so starke Biegung zu, daß die Schweißung
oberhalb des Grabens erfolgen kann und das Rohr kabelähnlich in den
Graben abgesenkt wird.

Bleimuffenverbindungen werden nur im Rohrgraben hergestellt,
da sie die beim Absenken unvermeidlichen Biegungsbeanspruchungen
nicht aushalten.

Unter Beachtung aller Vorsichtsmaßregeln ist jede Schweißnaht
fast von der gleichen Festigkeit wie das gerade Rohrstück. Die Stahl-
rohrleitung mit geeigneten Schweißmuffen und sorgfältiger Schweißung
stellt daher eine auch für die höchsten Drücke außerordentlich betriebs-
sichere Leitung dar. Ein weiterer Vorteil der Stahlrohre gegenüber den
Gußrohren ist es aber noch, daß der Einbau von Abzweigen ebenfalls durch Schweißung an jeder beliebigen Stelle der Rohrleitung und
in jeder beliebigen Richtung erfolgen kann. Dabei entsteht nur eine
einzige Schweißnaht und damit nur eine Fehlerquelle gegenüber mindestens drei Dichtungsstellen bei der Bleimuffenverbindung. Ebenso
ist es möglich, dicht beieinander liegende Abzweige auszuführen. Bei
Gußrohrleitungen sind in diesem Falle besondere Formstücke erforderlich, die vielfach nur auf Bestellung angefertigt werden und damit un-
liebsame Verzögerungen im Leitungsbau hervorrufen.

Neuerdings ist man auch dazu übergegangen, Gußrohre durch die
sog. Hartlötung oder Bronzeschweißung zu verbinden. Größere Leitungsstrecken sind jedoch auf diese Weise noch nicht hergestellt [II 15 u. 27].

VII. Unumgänglich nötig ist die eingehende Prüfung jeder einzelnen
Schweißnaht. Teilstrecken, die oberhalb des Rohrgrabens hergestellt
sind, werden vor dem Absenken geprüft. Zu diesem Zwecke wird der
fertiggeschweißte Rohrstrang an den Enden durch aufgeschraubte oder
aufgeschweißte Deckel verschlossen und mit Druckluft gefüllt. Hierbei
soll der Prüfdruck mit Rücksicht auf die Gefahren, die durch die be-
helfsmäßigen Verschlüsse entstehen können, nicht mehr als 5 atü betragen. Die Schweißverbindungen werden dann mit Seifenwasser bestrichen. Undichte Stellen machen sich durch Schaum- oder Blasen-
bildung bemerkbar; sie sind bis auf gesundes Material auszumeißeln,
nachzuschweißen und erneut zu prüfen.

Sind Ausdehnungsstücke in der Teilstrecke eingebaut, so sind
Sicherungen zu treffen, die ein Auseinanderreißen der Leitungen an den
Dehnungsstücken durch den Prüfdruck verhindern.

Nach dem Absenken werden die Grabenschweißungen in gleicher
Weise geprüft. Der Rohrgraben kann inzwischen bereits bis auf die

Kopflöcher zugeworfen werden, damit die Baugrube nicht zu lange offensteht. Sind alle Verbindungsstellen geprüft und dicht befunden, so werden sie nachisoliert. Dieses Nachisolieren wird auf folgende Weise ausgeführt:

Imprägnierte Jutestreifen von entsprechender Breite werden in Stücken bis zu 2 m Länge auf einen Stock aufgewickelt. Dieser Wickel wird mit dem Stock in ein Gefäß mit heißer dünnflüssiger Isoliermasse eingetaucht und langsam bis auf ein kurzes Stück darin abgerollt, so daß der Jutestreifen völlig von der heißen Masse durchtränkt wird. Dann wird der Streifen wieder auf den Stock zurückgewickelt. Die gereinigte und trockene Verbindungsstelle wird mit heißem Asphalt, Bitumen oder einer anderen Anstrichmasse versehen und der Jutestreifen mit entsprechender Überdeckung fest aufgewickelt. Die gesamte Bewickelung wird dann noch mit heißer Isoliermasse überstrichen und so eine völlige Verbindung der Isolierung des Rohres mit der Nachisolierung geschaffen.

Man kann auch auf andere Weise eine gute Nachisolierung erreichen, indem man eine dem Rohrdurchmesser angepaßte Gießform über die Muffe legt und den Zwischenraum zwischen Gießform und Rohr durch flüssig gemachte Isoliermasse ausfüllt. Die Form ist zu diesem Zweck mit einem Einguß und mehreren Öffnungen versehen, die das Entweichen der durch die eingegossene Isoliermasse verdrängten Luft ermöglichen. Solche Arten der Nachisolierung der Verbindungsstelle sind dort zweckmäßig, wo sehr ungünstige Bodenverhältnisse einen besonderen Schutz des Rohrmaterials erforderlich machen. Das beschriebene Isolierverfahren erfordert einen erheblichen Mehrverbrauch an Isoliermasse.

Außer der schon beschriebenen Prüfung der Teilstrecken vor Aufbringen der Isolierung auf die Verbindungsstellen, muß jeder Bauabschnitt der Rohrleitung vor Inbetriebnahme einem Hauptdruckversuch mit Luft unterworfen werden. Der Prüfdruck ist für Leitungen mit einem Betriebsdruck bis zu 10 atü der 1½fache Betriebsdruck, bei Leitungen über 10 atü 5 atü mehr als der Betriebsdruck ausmacht.

Für diese Hauptprüfung ist die Leitung mindestens 24 h vor Beginn des Versuches auf den Prüfdruck aufzufüllen. Während der letzten 24 h ist der Druck durch einen selbstschreibenden Druckmesser aufzuzeichnen. Die für den Versuch benutzten Druckmesser (Federmanometer) müssen Änderungen von $1/_{100}$ atü noch deutlich erkennen lassen. Der Rohrgraben muß zu dieser Zeit wenigstens bis auf die Kopflöcher zugefüllt werden.

Am zweckmäßigsten ist es, die Vornahme der Hauptprüfung unter Leitung eines unparteiischen Sachverständigen vorzunehmen, um Streitigkeiten zwischen Auftraggeber und ausführender Rohrlegungsfirma aus dem Wege zu gehen.

VIII. Wir haben jetzt noch den Einbau verschiedener Zubehörteile der Ferngasleitungen zu erörtern.

Schieber sind in Fernleitungen vor jedem Abzweig vorzusehen; in bebauten Ortschaften außerdem mindestens alle 2 km, um ein schnelles Absperren bei Gefahr zu ermöglichen. Ferner wird man vor und hinter Brückenleitungen, Dükern und Eisenbahnkreuzungen Schieber einbauen. Nach Möglichkeit sind Flanschenschieber mit Stopfbüchse zu verwenden, damit die Auswechselung ohne Schwierigkeiten möglich ist. Vor und hinter jedem Schieber sind Entlüftungsstutzen vorzusehen, um bei Inbetriebnahme die Leitungsabschnitte entlüften zu können und sie während eines etwa erforderlichen Schieberausbaues durch eine Umgangsleitung unter Gasdruck zu halten. Während des späteren Betriebes dienen diese Entlüftungsstutzen zur Messung des Gasdruckes.

Dehnungsstücke sind bei Leitungen über 200 mm Dmr. in Entfernungen von 500 m vorzusehen, wenn die Längenänderungen nicht durch besondere Muffenform oder Krümmer aufgenommen werden können. Als gasdicht haben sich Dehnungsstücke nach Art einer Stopfbüchse (Abb. 31) erwiesen. Vor Brücken, Dükern und im Freien liegenden Leitungen sind auf jeden Fall Dehnungsstücke einzubauen.

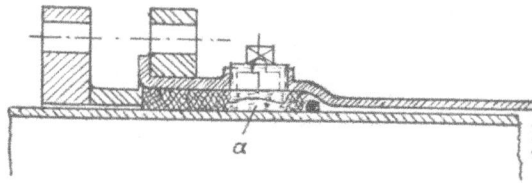

a plastische Masse

Abb. 31. Dehnungsstopfbuchse.

Wassertöpfe sind in der Nähe der Kompressorenstationen in Abständen von etwa 400 m einzubauen, wenn nicht auf andere Weise (Gastrocknung) für Entfernung der Kondensate gesorgt ist. In Entfernungen von mehr als 5 km hinter der Kompressorstation kann der Abstand der Wassertöpfe bis 1 km betragen, wenn nicht durch Geländeunterschiede kürzere Abstände bedingt sind. Die Leitungen sollen ein Mindestgefälle von 4 mm pro m zu den Wassertöpfen hin aufweisen. Vor den Reglerstationen müssen ebenfalls Wassertöpfe eingebaut werden. Sie können in Kugelform mit angeflanschtem Rohrstutzen in die Leitung eingeschweißt werden oder aus T-Stücken mit eingeschweißtem Boden an der Baustelle selbst hergestellt und in die Leitung eingebaut werden. Die Entleerungsrohre werden durch die Leitung hindurchgeführt und mit ihr verschweißt, um ihnen eine größere Festigkeit zu geben. Dicht oberhalb der Hauptrohrleitung ist eine Gewindemuffe vorzusehen, damit beschädigte Auspumprohre[34]) ausgewechselt werden können.

Zum Entleeren der Wassertöpfe benutzt man am besten Ventile, die ein Durchstoßen der Saugeleitungen von oben her ermöglichen. Um das Einfrieren des in das Steigerohr gedrückten Wassers zu verhindern, kann man eine besondere Leitung vorsehen, durch die das Gas in den oberen Teil des Steigerohres geführt wird. Dadurch wird nicht nur ein Ansteigen des Wassers im Auspumprohr vermieden, sondern man kann auch die Entleerungsventile zur Druckmessung benutzen.

Bei Unterführungen, Kreuzungen mit Eisenbahnen, Straßenbahnen und wichtigen Verkehrsstraßen und beim Durchgang durch Mauern ist ein Schutzrohr über die Leitung zu schieben. Innerhalb dieses Rohres sind Schweißungen der Leitung zu vermeiden. Die Rohrleitung muß durch das Schutzrohr freiliegend geführt werden. An beiden Enden des Schutzrohres werden Verlustanzeiger aufgestellt.

Bei größeren Leitungsstrecken empfiehlt es sich, ein Fernsprech-kabel zugleich mit der Leitung zu verlegen, das später den Betrieb der Gasverteilung wesentlich erleichtern und verbessern kann. Da man nach dem Impuls-Frequenz-Verfahren eine große Anzahl von Meßwerten und auch Ferngesprächen auf wenigen Leitungen übertragen kann, so wird ein vier- bis sechspaariges papierisoliertes Fernsprecherdkabel normaler Ausführung für fast alle Betriebsanforderungen ausreichen. Geschützt angebrachte Steckkontakte für tragbare Fernsprechapparate sind möglichst an allen Schiebern, Reglern und anderen wichtigen Stellen vorzusehen.

Im übrigen sei für den Bau von Hochdruckgasleitungen auf die »Richtlinien für geschweißte Gasrohrleitungen von mehr als 200 mm Dmr. und mehr als 1 atü Betriebsdruck« verwiesen, die von einem hierfür beim V.D.I. gebildeten Ausschuß aufgestellt sind. (Veröffentlicht im V.D.I.-Verlag G. m. b. H., Berlin 1930.) Desgleichen wird verwiesen auf den Erlaß [I 7 (5 d)] des Pr. Ministers für Handel und Gewerbe vom 21. 7. 1931. (Veröffentlicht in der Zeitschrift »Das Gas- und Wasserfach«, München und Berlin 1931, S. 758/760.)

B. Bau von Bezirks-Druckreglern.

I. Zum Bau der Rohrleitung gehört auch der Bau von Druckregler-stationen, die das Gas, welches vom Gaswerk unter höherem Druck in die einzelnen Rohrnetzbezirke geliefert wird, in das Verteilungsnetz mit niedrigem Druck abströmen lassen. Der Bau dieser Regler ist wesentlich verschieden von demjenigen der Druckregler, welche im Gaswerk zur zentralen Regelung des Gasdruckes angewendet werden. Der Vordruck

---

[34]) Vgl. 6. Kap. C V zu b Fußnote 42.

für die Regler im Gaswerk ist nur geringen Schwankungen unterworfen und ist verhältnismäßig niedrig[35]). Außerdem findet ständig ein Gasverbrauch statt. Der Regler braucht also nicht vollkommen dicht zu schließen, wirkt also eigentlich nur als Drosselorgan. Ein solcher Regler steht außerdem im Werk selbst unter dauernder Aufsicht und befindet sich in geheizten Räumen, so daß Betriebsschwierigkeiten irgendwelcher Art kaum eintreten können.

Im Gegensatz dazu sind die Anforderungen an die Druckregler, die im Rohrnetz selbst Verwendung finden, außerordentlich verschieden. Der Vordruck, unter dem die Regler arbeiten, kann zu Zeiten geringen Verbrauches nur ca. 100 mm WS betragen, kann aber auch zu gewissen Zeiten bei demselben Regler bis zu mehreren Atmosphären ansteigen. Dazu kann dann noch für einen solchen Regler der ungünstige Umstand eintreten, daß die größten Durchlaßmengen auch bei kleinem Vordruck erzielt werden sollen, und daß unter Umständen bei höchstem Vordruck kein Verbrauch stattfindet, d. h. daß der Regler nicht als Drosselorgan, sondern als Absperrung dienen soll. Die Regler werden außerdem häufig in Räumen aufgestellt, die nicht geheizt werden können, dem Frost ausgesetzt und oft recht feucht sind. Dauernde Wartung ist ebenfalls nicht vorhanden.

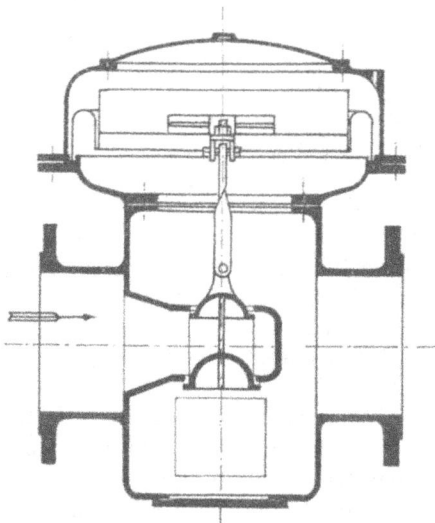

Abb. 32. Druckregler mit Doppelsitzventil.

Die Betriebsbedingungen an den einzelnen Reglerstationen desselben Rohrnetzes sind außerordentlich verschieden. Man könnte Regler bauen, die allen Anforderungen gerecht werden, würde dann aber auch da zu teuren Reglerkonstruktionen kommen, wo die Verhältnisse einfach liegen und ein unkomplizierter Regler auch genügen würde, der natürlich erheblich billiger herzustellen ist.

Die einfachste Form eines Reglers zeigt Abb. 32. Das Ventil, das den Gasstrom drosselt, ist mit doppeltem Sitz ausgeführt, damit die Regelung des Verbrauchsdruckes unabhängig von der Höhe des Vordruckes wird. Das Ventil selbst hängt direkt an der Membrane, die so arbeitet, daß der Ausgangsdruck des Reglers konstant gehalten wird. Die Höhe dieses Druckes läßt sich durch Auflegen von Belastungs-

---

[35]) 3. Kap. A I Abs. 3.

gewichten auf die Membrane einstellen. Diese Art Regler wird im allgemeinen nur für Vordrücke bis etwa 500 mm WS und für Ausgangsdrücke bis zu 200 mm WS verwendet. Ein dichter Abschluß des Ventils ist kaum zu erzielen. Es ist ja bekannt, daß es schon schwierig ist, ein einsitziges Ventil auf die Dauer dicht zu erhalten. Viel schwieriger ist das noch bei einem Doppelsitzventil. Infolge von Druck- und Temperaturschwankungen im Gehäuse treten vorübergehende Formänderungen auf, die selbst das besteingepaßte Ventil undicht werden lassen. Die geringste Ablagerung auf den Sitzflächen des Ventiles wird weiterhin einen dichten Abschluß verhindern, da nur eine verhältnismäßig geringe Kraft, der Ausgangsdruck des Gases, auf die Membrane und damit das Ventil wirken. Der Regler wird daher nur dort angewendet werden können, wo ein ständiger Verbrauch stattfindet, ein dichter Abschluß also niemals erforderlich ist.

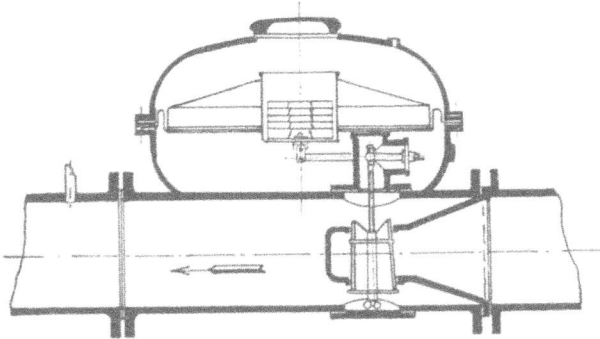

Abb. 33. Druckregler mit Hebelübersetzung.

Besser arbeitet bereits ein Regler nach Abb. 33. Hier ist der Ventilsitz erheblich stabiler ausgeführt. Er besteht aus einem besonderen in das Reglergehäuse eingesetzten Teil, so daß Formänderungen des Gehäuses sich nicht auf den Ventilsitz auswirken. Die Kraft, die das Ventil schließt, wird durch eine Hebelübertragung von der Membrane auf das Ventil übertragen, so daß ein höherer Anpressungsdruck erreicht wird. Kleinere Ablagerungen auf den Ventilsitzen werden dadurch beiseite gedrückt.

Bei beiden Reglerkonstruktionen wird die Kraft zur Verstellung des Ventiles durch die Veränderung des Ausgangsdruckes gewonnen. Um also die Bewegung des Ventiles einzuleiten, ist eine geringe Drucksteigerung unter der Membrane erforderlich. Es ist ohne weiteres klar, daß bei einem Regler mit Hebelübersetzung diese Drucksteigerung geringer zu sein braucht als bei einem einfachen Regler, um schon ein genügendes Schließen des Ventiles, besonders bei kleinem Verbrauch, zu bewirken. Der Druck eines Reglers mit Hebelübersetzung wird daher bei kleineren

Durchgangsmengen geringere Schwankungen zeigen. Da der Ventilsitz herausnehmbar ist, so läßt er sich viel genauer bearbeiten und auch beim eingebauten Regler nach längerer Betriebszeit neu einschleifen. Dadurch ist ein dauerndes Dichthalten eines solchen Reglers möglich. Druckregler mit Hebelübersetzung, häufig als Kraftschlußregler bezeichnet, werden für gewöhnlich für Vordrücke bis zu 6 atü in Einzelfällen sogar bis zu 12 atü gebaut.

Ein vollkommen dichter Abschluß läßt sich bei höheren Vordrücken auch mit einem Kraftschlußregler nicht erreichen. Die Gasmengen, die ein Ansteigen des Druckes bewirken, sind jedoch so gering, daß häufig schon das Brennen von ein bis zwei Laternen einen unzulässigen Druckanstieg verhindern. Will man einen Regler mit vollkommen dichtem Abschluß herstellen, so muß man auf das Doppelsitzventil verzichten und nur mit einfachem Ventil arbeiten. Ein solcher Regler hat dann allerdings den Nachteil, daß ein veränderlicher Vordruck sich auf den Ausgangsdruck auswirkt. Der Vordruck versucht das Ventil zu öffnen und wird daher ein Ansteigen des Ausgangsdruckes verursachen. Dieser

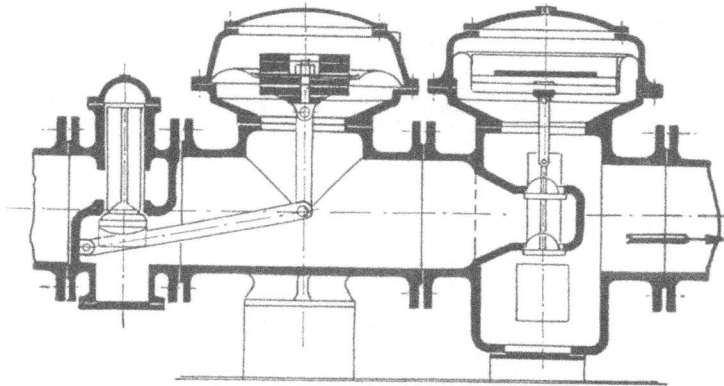

Abb. 34. Druckregelung in 2 Stufen.

Druckanstieg ist abhängig vom Verhältnis des Durchmessers der Membrane zu der des Ventiles und von der Hebelübersetzung. Bei geringeren Gasmengen kann man daher durch die richtige Auswahl dieses Verhältnisses die Drucksteigerungen in solchen Grenzen halten, daß sie sich auf den Betrieb der Gasfeuerstätten kaum auswirken. Im übrigen ist der Regler als Vordruckregler bei Anlagen außerordentlich geeignet, bei denen man einen hohen Druck in mehreren Stufen herunterdrosselt. Er wird dann an erster Stelle geschaltet und regelt den Zwischendruck, der ja ohne Nachteile kleineren Schwankungen unterworfen sein darf. Ein solcher Regler schließt auch bei Nullverbrauch vollkommen dicht, vorausgesetzt, daß das Ventil nicht durch Ablagerungen aus dem Gase oder den Rohrleitungen verschmutzt ist (Abb. 34).

Soll ein Regler mit größeren Abmessungen, also für größeren Verbrauch dicht schließen, so muß man zu besonderen Mitteln greifen.
Man benutzt dann am einfachsten einen Steuerregler, der vom Ausgangsdruck gesteuert wird und den Hauptregler beeinflußt. Als Kraft
zur Betätigung des Hauptreglers dient der Vordruck, der häufig um ein
Vielfaches höher ist als der Verbrauchsdruck; daher ist auch die Kraft,
mit der das Ventil auf den Sitz gepreßt wird, erheblich höher und
meist so hoch, daß der Regler gegen Verschmutzungen wenig empfindlich ist. Da der Vordruck die Schließung der Membrane bewirkt, so
zeigt dieser Regler auch keine Schwankungen des Verbrauchsdruckes
bei verändertem Vordruck; denn je größer die Kraft ist, die das Ventil
von seinem Sitz zu heben versucht, desto größer ist auch die Kraft,
die auf die Membrane wirkt und das Ventil wieder auf seinen Sitz preßt.
Abb. 35 zeigt einen solchen Regler.

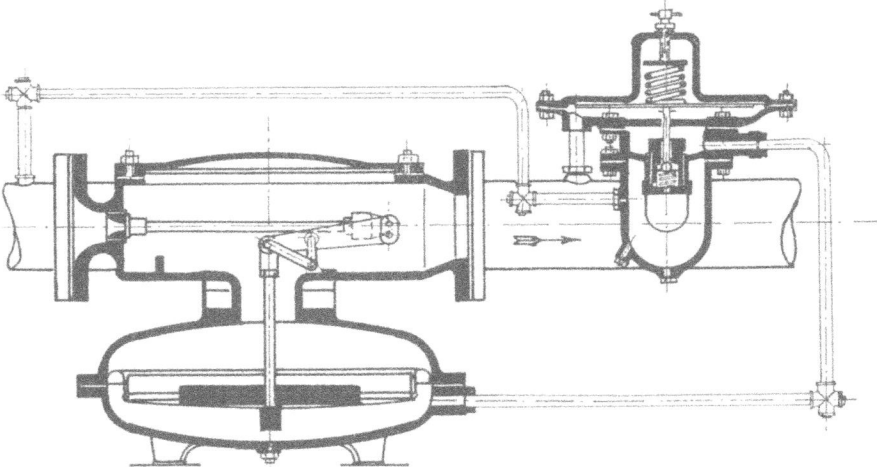

Abb. 35. Kraftschlußregler mit Steuerregler.

Die Anwendung von Steuerreglern ist in der Technik weit verbreitet. Man benutzt sie bei Dampfmaschinenreglern, Feuerungsreglern,
Vorlagenreglern usw., also Apparaten, die im Gasfach ebenfalls bekannt
sind. Allerdings nimmt man hier als Kraftmittel nicht das Gas sondern Druckwasser, Drucköl oder elektrischen Strom. Weil bei Gasleitungen gewöhnlich keine fremde Kraftquelle zur Verfügung steht,
verwendet man den Gasdruck als Arbeitskraft zur Druckregelung in
der Gasverteilung.

Als besonderer Vorteil aller Steuerregler kann ausgeführt werden,
daß Regler und Membrane sehr klein sind und daher auf die geringsten
Druckschwankungen ansprechen können. Es brauchen keine größeren
Massen in Bewegung gesetzt zu werden. Die Membrane des Steuerreglers

9*

läßt sich ferner aus Metall herstellen. Das ganze System ist dann vollkommen gasdicht von der Außenluft abgeschlossen. Steuerregler werden für Vordrücke bis zu 25 atü und für Verbrauchsdrücke von 50 mm WS gebaut.

Diese vier Reglerarten sind zur Zeit für die Versorgung eines größeren Verbrauchsnetzes üblich. Die Konstruktionen der einzelnen Firmen unterscheiden sich nur wenig voneinander. Nur für besondere Zwecke werden besondere Reglerarten ausgebildet. Für Industriebetriebe sind manchmal Regler erforderlich, die auch einen verhältnismäßig hohen Ausgangsdruck einhalten müssen. Auch zur Versorgung kleinerer Stadtnetze, einzelstehender Siedlungen u. dgl. werden solche Regler benutzt, wenn die Straßenleitungen dieser Stadtnetze mit kleinen Durchmessern gebaut werden, um Anlagekosten zu sparen. Für Rohrnetze, die den auftretenden Belastungen nicht mehr gewachsen sind, können höhere Drücke notwendig werden. Die direkte Belastung der Membrane der Regler für höhere Ausgangsdrücke macht Schwierigkeiten, da die Ledermembranen nur eine gewisse Belastung aushalten, die um so tiefer liegt, je größer ihr Durchmesser ist; auch beeinflussen die großen Massen den Gang eines Reglers ungünstig. Selten wird ein vollkommener Gleichgewichtszustand eintreten. Die Mengen, die durch den Regler gehen, wechseln dauernd und infolgedessen muß auch das Ventil dauernd verstellt werden. Diese Verstellung ist aber mit einer Massenbeschleunigung verbunden, die ein Schwingen des Reglers hervorruft, wenn sie zu groß wird. Diese Schwingungen erklären sich dadurch, daß die Massen, wenn sie erst einmal in Bewegung gesetzt sind, über die erforderliche Lage hinausschwingen und das Ventil zu weit öffnen. Der umgekehrte Vorgang findet dann beim Schließen statt.

Eine Verminderung der Massen ist möglich, indem man an Stelle der Belastungsgewichte Federn verwendet. Der Nachteil der starken Belastung der Membrane bleibt dann aber bestehen. Man verwendet daher auch in solchen Fällen Steuerregler, bei denen die Membrane ganz erheblich kleiner und widerstandsfähiger gehalten werden kann. Die Membrane des Hauptreglers wird dann nur durch den Differenzdruck beansprucht. Der Hauptregler kann als gewöhnlicher Doppelsitzventilregler oder Kraftschlußregler je nach dem Verwendungszweck ausgeführt werden.

II. Zusatzeinrichtungen für Druckregleranlagen.

Die vorstehend beschriebenen Regler lassen sich nur in den seltensten Fällen allein als vollständige Regleranlage verwenden. Daneben dienen Schieber zur Absperrung des Reglers für gelegentliche Reparaturen, eine Umgangsleitung ermöglicht es, auch während dieser Reparaturen die Gasleitung in Betrieb halten zu können; sodann sind vor allen Dingen Sicherheitseinrichtungen erforderlich, die auf jeden Fall verhindern, daß der Druck im Versorgungsnetz über ein bestimmtes Maß ansteigt. Es wurde schon vorher bei Beschreibung der einzelnen Regler ausgeführt, daß ein vollkommen dichter Abschluß bei den meisten Reglern nicht zu erzielen ist. Und wo das der Fall ist, setzt der dichte Abschluß solcher Reglerkonstruktionen saubere Sitzflächen der Ventile voraus. Bei einem Undichtwerden des Ventiles zu Zeiten geringen Verbrauches würde nun der Druck im Versorgungsgebiet ansteigen. Das würde zu Beschädigungen der in Betrieb befindlichen Gasapparate führen, bei stärkerem Druckanstieg können ferner die Gasmesser beschädigt werden und Undichtigkeiten in den Leitungen entstehen. Um ein Verschmutzen des Ventilsitzes mit den daraus entstehenden unangenehmen Folgen zu verhindern, benutzt man Staubfilter, die vor die Regleranlage geschaltet werden und so grobe Unreinigkeiten vom Ventilsitze fernhalten. Die Staubfilter werden so gebaut, daß sich die Einsätze in kürzester Zeit leicht auswechseln lassen.

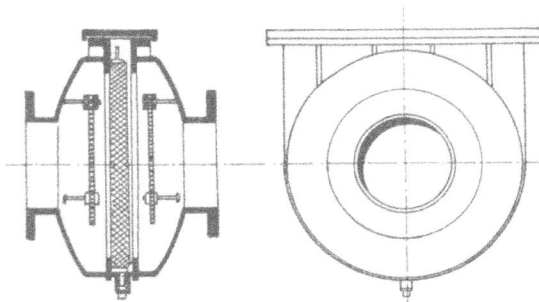

Abb. 36. Staubfilter für hohen Gasdruck.

Sie bestehen aus einem Gehäuse, in das zwischen besonderen Führungsleisten der Einsatz eingeführt wird. Als Filter dienen kleine Glasperlen, ölbenetzte Raschigringe oder ähnliche Stoffe. Das Filter liegt zwischen Absperrschieber und Regler, damit es ohne Störung der Hauptleitung ausgewechselt werden kann. Während der Zeit des Auswechselns ist das Reglerventil außer Betrieb. Die Gasmenge muß durch einen Umgang den Versorgungsleitungen zugeführt werden und der Druck von Hand durch Verstellung des Schiebers im Ausgang einreguliert werden. Erwähnt sei hierbei, daß das Einhalten eines bestimmten Druckes für den Arbeiter durch Einstellen an zwei hintereinander geschalteten Schiebern leichter ist als an einem nur einfachen Schieber. Man wird daher bei großem Druckgefälle in den Umgang zwei Schieber einbauen. Ausführungsformen der Staubfilter zeigt Abb. 36. Durch ein Staubfilter können zwar mechanische Verunreinigungen aus dem Gase vom Regler ferngehalten werden. Das Reglerventil kann aber trotzdem durch

Naphthalinkristalle verschmutzen, die sich erst hinter dem Staubfilter aus dem Gase selbst bilden. Gerade an den Ventilen setzen sich solche Kristalle leicht ab, denn hier findet eine Entspannung des Gases statt, die immer eine scharfe Abkühlung hervorruft und die Kristallbildung begünstigt. Man muß daher in jedem Falle dafür sorgen, daß ein zu hoher Gasdruck hinter dem Regler verhindert wird. Das einfachste Mittel ist der Einbau eines Sicherheitsventiles oder Sicherheitsausblasetopfes in der Niederdruckleitung. Das überschüssige Gas wird ins Freie abgeleitet, kann also die angeschlossenen Konsumenten nicht gefährden. Die Sicherheitsventile werden auf einen etwas höheren Druck eingestellt als den normalen Betriebsdruck. Sehr empfehlenswert ist der Einbau eines Gasmessers in die ins Freie führende Leitung. Hiermit kann man nicht nur den Verlust feststellen, der durch die Reglerundichtigkeiten gegeben ist, sondern man kann auch aus dem Vergleich der verschiedenen Ablesungen den Zustand des Reglers und Ventiles feststellen. Die Ausblaseleitungen und Sicherheitsventile wird man natürlich nicht so groß ausführen, daß bei einem vollkommenen Versagen des Reglers etwa durch Zerreißen der Membrane oder Bruch des Reglergestänges die aus der Hochdruckleitung kommenden Gasmengen abgeführt werden. In solch einem Falle muß ein Sicherheitsventil in Tätigkeit treten, das die gesamte Leitung vor dem Regler vollkommen absperrt.

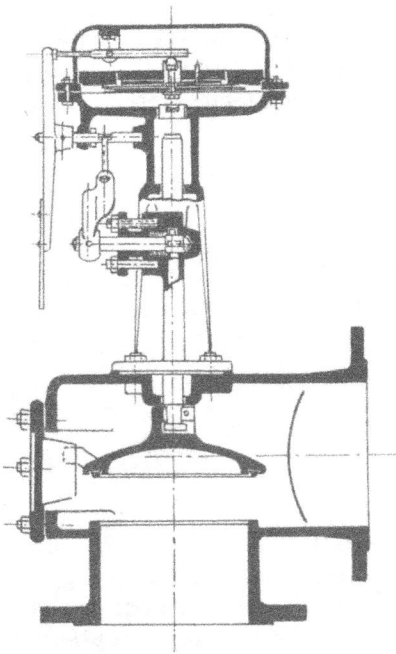

Abb. 37. Sicherheitsventil.

Zu gleicher Zeit richtet man diese Absperrventile so ein, daß auch bei vollkommenem Ausbleiben des Gasdruckes in der Fernleitung das Verbrauchsnetz abgeschaltet wird. Das Ventil läßt sich dann nur von Hand wieder einschalten, damit vorher alle angeschlossenen Verbrauchsapparate und offenstehenden Leitungen geschlossen werden können. Abb. 37 zeigt ein solches Sicherheitsventil. Das Abschließen des Sicherheitsventiles wird durch eine Signalscheibe sichtbar gemacht. Außerdem kann eine elektrische Signaleinrichtung ausgelöst werden, die das Abschalten der Zentrale meldet. Da diese Ventile die Leitung vollkommen dicht absperren, können sie auch an Stelle eines Eingangsschiebers in die Regleranlage eingebaut werden.

Ein Nachteil der Ventile ist, daß unter Umständen die gesamte Gasversorgung eines Bezirkes stillgesetzt wird, also auch sämtliche Zündflammen der angeschlossenen Heizöfen, Warmwasserbereiter und Straßenlaternen verlöschen. Um das Verteilungsnetz nicht vollkommen gasleer zu bekommen, kann man in eine Umgangsleitung noch einen kleinen Hilfsregler einbauen, der bei Abschalten des Hauptreglers etwas Gas in die Leitung läßt. Dieser Hilfsregler muß selbstverständlich auf einen geringeren Druck eingestellt werden, als der Hauptregler, damit er während des normalen Betriebes immer geschlossen bleibt.

Als weitere Sicherheit des Betriebes der Bezirksregler kann eine ständige Kontrolle des Gasdruckes angesehen werden. Zu diesem Zwecke wird der Gasdruck am besten auf elektrischem Wege in einer Überwachungsstelle des Gaswerkes oder der Kompressorstation ständig angezeigt. Auf diese Weise kann man übermäßiges Ansteigen oder Absinken des Druckes sofort erkennen und entsprechende Sicherheitsmaßnahmen treffen, ehe sich Gasmangel beim Konsumenten bemerkbar macht.

Die zum Betriebe einer Regleranlage erforderlichen Schieber, Regler, Sicherheitseinrichtungen und Kontrollapparate müssen nun in einem Gebäude, einer Grube oder Säule untergebracht werden. Die Unterbringung in einer Grube hat den Vorteil, daß die Gesamtanlage fast frostfrei aufgestellt werden kann, eine Einrichtung zur Beheizung des Reglers also nicht nötig ist. Andererseits leiden diese Gruben sehr unter Wasserabscheidungen. Man muß daher alle Teile des Reglers, Leitungen und Schieber mit starken Rostschutzmitteln versehen, um ein dauernd einwandfreies Arbeiten zu erreichen. Außerdem bereitet eine gute Entlüftung einer solchen Reglergrube oft Schwierigkeiten. Wenn irgend angängig, sollte man einen kleinen Entlüftungsschacht über der Grube anbringen, der etwa 1 m über Fußboden geführt wird, damit er bei Schneefällen nicht zugedeckt wird. Bei größeren Fernleitungen wird man diesen Lüftungsschacht mit einem besonderen Kasten vereinigen, der die elektrischen Apparate, Lichtschalter u. dgl. aufnimmt, damit diese nicht in der Reglergrube selbst untergebracht zu werden brauchen und teure schlagwettersichere Ausführungen vermieden werden. Dieser Kasten kann außerdem zur Aufbewahrung der zum Öffnen der Reglergruben notwendigen Handgriffe, der Schlüssel zum Betätigen der nächsten Schieber u. dgl. dienen, damit man bei irgendwelcher Gefahr schnell die Grube öffnen oder die Gaszufuhr abstellen kann, ohne in die Grube selbst einsteigen zu müssen. Ein Fernsprechanschluß in dem über Tage befindlichen Kasten ist ebenfalls für den sicheren Betrieb zu empfehlen und leistet sowohl bei Reparaturen an Reglern als auch im Überwachungsdienst der Fernleitung gute Dienste. Die Abb. 38 zeigt eine unterirdische Regleranlage. Ein besonderer Vorteil dieser Anordnungen ist es, daß sie im Stadtbilde keine Veränderungen verursachen.

Weit billiger als die unterirdische Ausführung ist die Anordnung des Reglers in einer Anschlagsäule (Abb. 39). Sie hat außerdem den Vorteil der leichten Zugänglichkeit aller darin aufgestellten Apparate

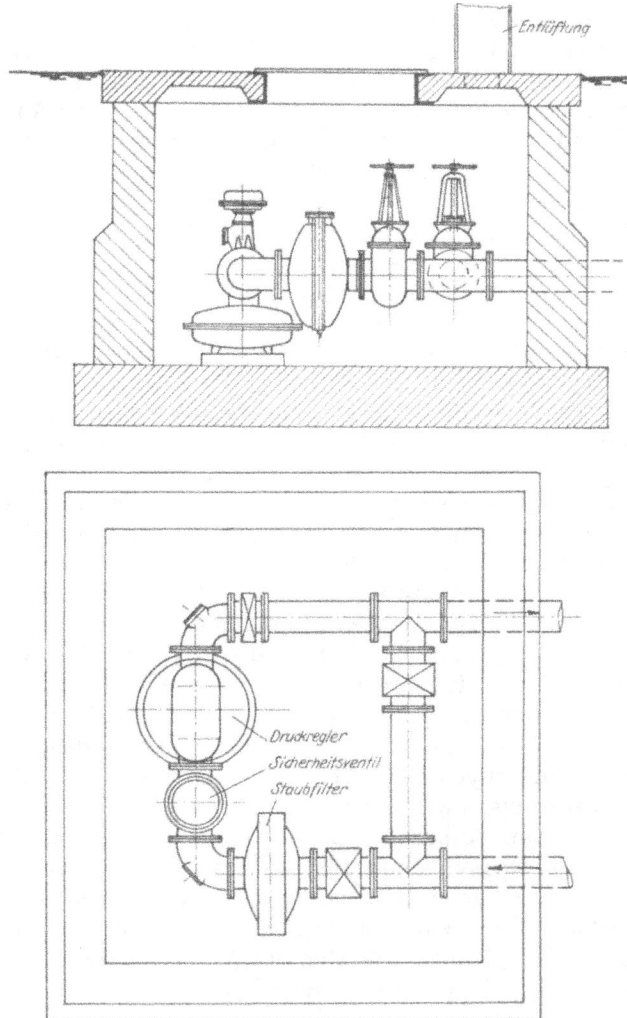

Abb. 38. Unterirdische Bezirksregler-Anlage.

und der guten Durchlüftung des Innenraumes. Nach Öffnen der Türen können alle Schieber von außen her bedient werden, ohne daß man die Säule selbst zu betreten braucht. Bei irgendeinem Bruch des Reglers oder der Leitungen ist daher die Absperrung ohne Gefahr vorzunehmen.

Der Nachteil dieser Anordnung besteht darin, daß man die Regler in solchen Säulen besonders beheizen muß, um ein Festfrieren der Reglerventile mit den damit verbundenen Störungen in der Gasversorgung zu vermeiden. Die Beheizung eines solchen Reglers kann entweder durch Gas erfolgen oder durch elektrischen Strom. Das Gas darf natürlich nicht in dem explosionsgefährlichen Raum brennen, sondern man muß vollständig geschlossene Öfen verwenden, die die zur Verbrennung nötige Luft durch eine besondere Leitung von außen erhalten. Der Vorteil der Gasheizung ist der, daß sie auf jeden Fall solange betriebsfähig bleibt, wie eine Beheizung des Reglers erforderlich ist; denn sollte die Gaszufuhr unterbrochen werden und damit die Heizung außer Betrieb kommen, so ist auch die gesamte Funktion des Reglers außer Betrieb gesetzt. Bei elektrischer Heizung braucht man nicht den ganzen Raum zu heizen, sondern kann entweder das Gas kurz vor dem Einströmen in den Regler durch eine Art Tauchsieder

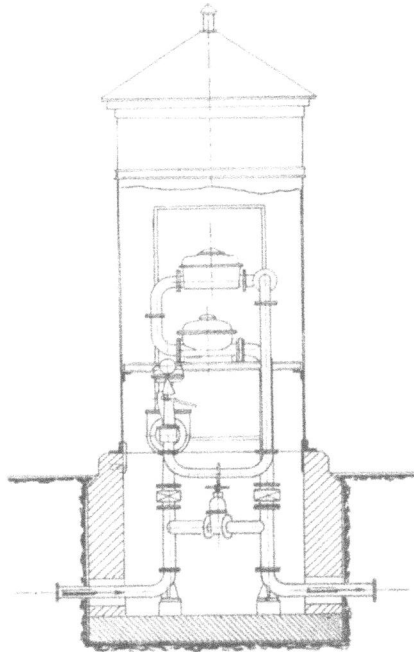

Abb. 39. Oberirdische Bezirksregler-Anlage.

anwärmen, oder man beheizt durch eine eingebaute Heizspirale nur den Sitz des Ventiles und verhindert auf diese Weise eine Eisbildung an der empfindlichen Stelle (Abb. 40).

Natürlich ist damit die Einbaumöglichkeit der Regleranlagen nicht erschöpft, sondern man wird je nach den örtlichen Verhältnissen verschiedene Anordnungen treffen müssen. So kann es vorteilhaft sein, die Regleranlage in die Böschung einer Straße oder Brücke einzubauen und auf diese Weise die Vorteile der unterirdischen Anordnung mit denen der leichten Zugänglichkeit und guten Entlüftung vereinigen.

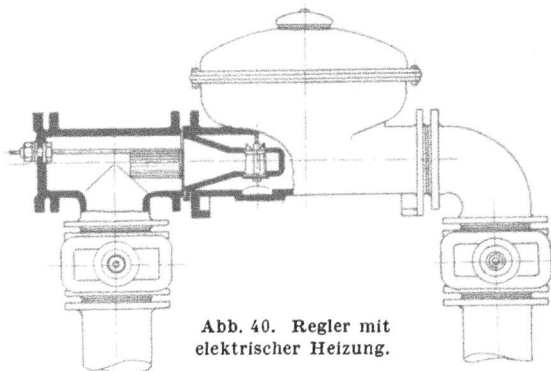

Abb. 40. Regler mit elektrischer Heizung.

C. Betrieb der Gasrohrleitungen.

In Kapitel 5 behandelten wir die Berechnung von Gasrohrleitungen, in Kapitel 6A deren Aufbau. Das Rohrnetz einer Gasverteilung besteht aus einer Anzahl von Leitungen; die Planung eines solchen Rohrnetzes haben wir in Kap. 4 besonders besprochen. Gasrohrleitungen werden erst im Augenblick der Inbetriebsetzung Bestandteil der Gasverteilungswirtschaft.

I. Ob nun die Inbetriebsetzung einer einzelnen Leitung unmittelbar der Fertigstellung folgt oder ob es sich um ein Rohrnetz handelt, das dem Aufschluß eines neuen Siedlungsgebietes dienen soll und darum die Inbetriebsetzung von der Fertigstellung zeitlich entfernt liegt, grundsätzlich wird der Vorgang immer ähnlich verlaufen.

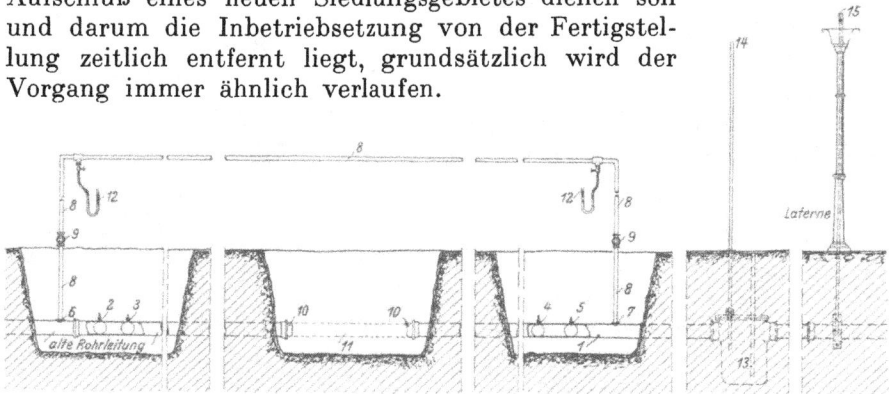

Abb. 41. Anordnung zur Inbetriebsetzung neuer Rohrleitungen.

Die Hauptrohrleitung »1«(Abb. 41) sei im Bürgersteig — Gehweg — einer Straße verlegt; für die späteren Hausanschlüsse derselben und der anderen Straßenseite, für die Straßenbeleuchtung und Straßenkreuzungen — soweit sie im Bebauungsplan erkennbar waren — sind die erforderlichen Abzweige am Hauptrohr hergestellt. Nach den Ausführungen unseres Kapitels 6A hat die vorschriftsmäßige Luftdruckprobe stattgefunden. Es besteht also die Gewißheit, daß die neue Rohrleitung dicht ist. Besonders wichtig ist diese Feststellung dann, wenn an die neue Rohrleitung bereits bewohnte Häuser angeschlossen wurden. Die Absperrung dieser Gaszuleitungen oder der etwa schon eingerichteten Gasmessereingänge muß dann besonders sorgfältig überwacht werden. Etwaige Gasmesserhähne sind durch Plombierung der Hahnschlüssel zu sichern. Die Freigabe dieser Plomben ist so lange zu versagen als die Möglichkeit vorliegt, daß einzelne Luftablagerungen aus der neuen Rohrleitung in die Gasgeräte eines soeben angeschlossenen Gasverbrauchers gelangen könnten. Schon für gewöhnlich darf nichts verabsäumt werden, was das Sicherheitsgefühl der Gasverbraucher stärkt. Dazu gehört auch, daß vornehmlich bei Inbetriebsetzung neuer

Rohrleitungen oder bei Reparatur an vorhandenem Rohrnetz die angeschlossenen Gasverbraucher unbelästigt bleiben. Störungen an Gasgeräten bei solcher Gelegenheit würden das Sicherheitsgefühl der Gasverbraucher empfindlich herabsetzen. Schlimmer aber noch ist die
Gefahr, daß in einer Gruppe von Gasgeräten, deren Zündflammen brennen, die Geräte unbeobachtet sind, die Räume vorübergehend von
Menschen verlassen werden; wenn dann die Zündflammen erlöschen,

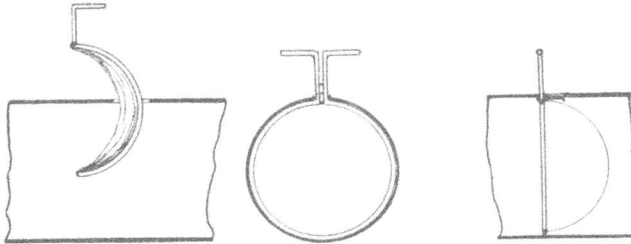

Abb. 42. Lederabschluß.

weil ein Luftquantum — Luftpfropfen — aus einer soeben neu angeschlossenen Rohrleitung in den Gasmesser eines Gasverbrauchers gelangt ist, dann ist es denkbar, daß größere Gasausströmungen stattfinden, welche den Gasverbraucher und sein Haus gefährden. Es kann
z. B. vorkommen, daß bei einer solchen Störung durch Luftzufuhr
Wärmeregler den Gasstrom aus einem oder mehreren Brennern freigeben
und dann schnell ein explosives Gasluftgemisch im Arbeitsraum entsteht! Unweit der Stelle, wo das vorhandene alte Gasrohrnetz mit
der neuen Leitung verbunden werden soll, sind
am alten gaserfüllten Rohr zwei Anbohrungen
»2« und »3« vorgenommen worden, durch
welche Lederbeutel oder Gummiblasen
oder Schweineblasen — je nach Rohrdurchmesser der Leitung — in den Gasstrom eingeführt werden können (Abb. 42 und 43).

Im neu verlegten Rohrnetz sind unweit
der Stelle, wo die Verbindung mit dem alten
Gasrohrnetz hergestellt werden soll, gleichfalls
zwei solche Anbohrungen »4« und »5« früher
hergestellt worden und zur Luftdruckprobe
mit Gasgewindepfropfen verschlossen. Für
diese Rohranbohrungen verwendet man An-
bohrapparate, wie sie für die Herstellung von
Gaszuleitungen für Häuser und Laternen bekannt sind [II 39 u. 42]. Zwischen einer dritten
Anbohrung »6« auf der gaserfüllten alten

Abb. 43. Gummiblase oder
Schweinsblase.

Leitung und einer dritten Anbohrung »7« auf der neuen Leitung (Abb. 41) wird nunmehr eine provisorische Rohrverbindung »8« hergestellt, welche an beiden Enden mit Abschlußorganen »9« versehen ist. Die Lichtweite dieser provisorischen Leitung richtet sich nach der Weite der neu verlegten Rohrleitung und dem vorhandenen Gasdruck im alten Rohrnetz. Hierbei sei noch bemerkt, daß die Lichtweiten der provisorischen Rohrverbindung »8« für das Abblasen der Luft (Abb. 41) so bemessen sein muß, daß während des Abblasens die Manometer »12« immer Überdruck gegenüber der lufthaltigen neuen Rohrleitung anzeigen. Demgemäß sind auch die Durchmesser der Abblaseleitung zu wählen. Liegt das neue Rohrnetz oder die neu anzuschließende Leitung zwischen zwei gasführenden Rohrleitungen, so wird man wegen einer beschleunigten Entfernung der Luft aus der neuen Leitung an beiden Stellen derartige provisorische Leitungen anordnen. An den tiefstgelegenen Stellen der neuen Rohrleitung wird jetzt auf den dort befindlichen Wassertöpfen »13« je ein Ausblaserohr »14« aufgesetzt und/oder die Verschlußpfropfen »15« der nächstgelegenen Laternensteigeleitungen werden geöffnet. Jedenfalls muß die Gewähr geboten werden, daß bei dem Ausblasen der Luft aus der neuen Leitung — nach Öffnung der Abschlußorgane »9« der Rohrverbindung »8« das Gasluftgemisch über den Köpfen des Verkehrs ausströmen kann; auch bei ungünstigem Winde soll die Ausströmung aus den Abblaseleitungen weder in naheliegende offene Fenster noch an Verbrennungsmotoren noch an Straßenbahnfunken entzündet werden können. Scheint diese Sicherheit nicht vorhanden zu sein, so wird das Ausströmungsende der Ausblaserohre durch aufgesetzte Trichter erweitert und werden diese Trichter durch Metalldrahtnetz nach Art der Schutznetze an Sicherheitslampen abgedeckt.

Die Prüfung, ob eine Rohrleitung ausreichend von Luft oder gefährlichem Gasluftgemisch befreit ist, erfolgt dadurch, daß Gasproben der Rohrleitung an den tiefsten Stellen entnommen und im Laboratorium auf Sauerstoff untersucht werden. Erst wenn annähernd der normale Sauerstoffgehalt von Stadtgas (0,2% bis 0,5%) festgestellt worden ist, dann erst kann behauptet werden, daß die Rohrleitung betriebsfähig ist. Wo die Bauaufsicht einer Gasrohrverlegung sachverständige Gasanalyse nicht vornehmen lassen kann, dort hilft man sich durch Beobachtung einer Probierflamme.

Solche Probierflammen dürfen aber niemals auf der neuen Rohrleitung selbst oder auf einer Zuleitung aus dieser neuen Rohrleitung angeordnet werden!

In solchen Fällen entnimmt man eine Gasprobe der neuen Leitung mittels eines kleinen Gasbehälters, wie er z. B. für Gasmessernachprüfung oder für die Prüfung der Dichtigkeit von Hauszuleitungen verwendet wird [II 24 u. 29][36] [37]. Ist an der Baustelle eine Wasserleitung erreichbar, kann man auch einen Aspirator anwenden, wie er für Aufbewahrung von großen Gasproben in Laboratorien verwendet wird. Wo auch das nicht möglich ist, genügt auch eine Gummi-Absperrblase oder eine zum gleichen Zweck an einem Schlauchhahn befestigte Schweineblase (Abb. 43). Die plattgedrückte — also von Luft entleerte — Blase wird mit dem Gasgemisch der zu prüfenden neuen Rohrleitung aufgefüllt, entleert, wieder gefüllt usw., bis man die Überzeugung gewinnt, daß die Blasenfüllung mit dem Gasgehalt der Rohrleitung übereinstimmt. Diese Probe kann man dann abseits von der Baugrube in einen Gasbrenner — am besten in einen Bunsenbrenner mit abstellbarer Luftzufuhr — entleeren. Zunächst zündet man die Bunsenbrennerflamme bei verschlossener Luftzufuhr an und öffnet dann langsam die Luftzufuhr. An dem Verhalten des grünen Flammenkerns und der mehr oder minder großen Neigung der Bunsenbrennerflamme zum Zurückschlagen kann man beurteilen, ob die Gasprobe von einwandfreier Beschaffenheit ist. Sobald das festgestellt worden ist, entfernt man die Ausblaseleitungen und schließt die Einsatzöffnungen mit Gasgewindepfropfen ab. Die provisorische Verbindungsleitung »8« bleibt bei geöffneten Abschlußorganen »9« bestehen. In die Anbohrungen »2«, »3«, »4« und »5« werden Absperrblasen eingesetzt und aufgeblasen. Nunmehr entfernt man die Endverschlüsse »10« an der alten und neuen Rohrleitung und stellt die Rohrverbindung »11« her. Sobald man sich von der Dichtigkeit dieser letzten Rohrverbindung überzeugt hat (Gas einlassen und mit Seifenwasser Dichtungsfugen bestreichen!), werden nunmehr auch die Absperrblasen entfernt, die provisorische Verbindungsleitung »8« und ihre Ansatzstücke »9« werden abgebaut, die Ansatzöffnungen durch Gasgewindepfropfen fest verschlossen. Nunmehr ist die Inbetriebsetzung der neuen Rohrleitung beendigt. Die Baugruben werden verfüllt! Dabei wird über die Anbohrungen (2, 3, 6) und (4, 5, 7) je ein Verlustanzeiger aufgestellt (Kapitel 6 A, Abb. 26).

Das geschilderte Inbetriebsetzungsverfahren wird im allgemeinen bei Rohrleitungen von etwa 100 mm Lichtweite bis etwa 400 mm Lichtweite, je nach Länge der neu verlegten Leitungen, angewendet werden können. Bei kleineren Rohrdurchmessern kann man die provisorische Leitung entbehren. Nach Einsetzen der Absperrblasen (2, 3) und (4, 5) wird die Rohrverbindung »11« hergestellt. Alsdann lockert man vorsichtig die Absperrblasen auf der Gaslieferungsseite durch kurzes Öffnen des Lufthahnes der Blasen 2 und 3. Vorher sind an der tiefsten Stelle der neuen Rohrleitung reichlich Ausblasequerschnitte geöffnet worden. Aber auch hier muß die Umgebung der Ausblasestellen von Zündungs-

[36] Ziff. 67 a. a. O.
[37] Anhang 1 Ziff. 21 S. 127.

möglichkeiten frei gehalten werden! Bei großen Rohrnetzen und Durchmessern von mehr als 400 mm Lichtweite wird man prüfen müssen, ob unser Verfahren noch genügend Sicherheit gewährt. Man wird versuchen, an mehreren ·Stellen des Rohrnetzes vorübergehend Hilfsverbindungen mit gasführenden alten Leitungen herzustellen. Wo das nicht erreichbar ist, muß man nach anderen Möglichkeiten suchen. Man bedient sich dann entweder eines einfachen Rauchgasgenerators, der mit Gebläse betrieben wird oder flüssiger Kohlensäure.[38]) Im ersten Falle verdrängt man die Luft durch Rauchgas (Generatorgas), welches vornehmlich Stickstoff und Kohlenoxyd mit großem Überschuß an Kohlensäure enthält. Wendet man Kohlensäure an, so werden die Flaschen bei offenen Abblaseleitungen solange in die neue Rohrleitung entleert, bis annähernd etwa 20% Luftraum[39]) durch Kohlensäure ersetzt sind, d. h. also bei Einleiten von Gas die Explosionsgefahr durch Entzündung des Gasluftgemisches ausgeschlossen ist. Dabei ist zu beachten, daß Kohlensäure schwerer als Luft ist. Es dürfen also die Ausblaserohre nicht in die Kohlensäureschicht der auszublasenden Rohrleitung hineinreichen; andernfalls könnte zuerst die Kohlensäure statt der Luft abgeblasen werden!

Nach der betriebsfertigen Herstellung der Hauptrohrleitung (des Rohrnetzes) geht man an den Aufbau der Straßenbeleuchtung und dann, je nach Anmeldung von Gasbedarf oder der sonstigen Organisation, der neuen Gasverteilungswirtschaft, an die Ausführung der Hausanschlüsse, Herstellung der Steigeleitungen und Gasmesserverbindungen.

Auch hier ist das Ausblasen der Luft nach Abnahme der Druckprobe sorgfältig zu überwachen. Wo etwa grundsätzlich jeder Gasmesser oder jede Steigeleitung einen Gasdruckregler bekommt, ist auch dessen Inbetriebsetzung durch sorgfältiges Ausblasen der Luft usw. vorzubereiten. Im übrigen sind die Vorschriften für die Ausführung von Hausinstallationen für Niederdruckgas nebst zusätzlichen Richtlinien [II 24 u. 29] sowie die Unfallverhütungsvorschriften der Berufsgenossenschaft der Gas- und Wasserwerke sorgfältig zu beachten. Nachdem auch eine Anzahl Gaszuleitungen zu Häusern, welche elektrische Beleuchtung haben, dem Betrieb übergeben sind — jedenfalls in Städten mit Straßenbahn — sind die notwendigsten Messungen vorzunehmen, um den Tatsachenbestand hinsichtlich etwaiger Korrosions-(Anfressungs-) Gefahr durch abirrende elektrische Ströme festzulegen [I 8 (2b)].

---

[38]) Vgl. [I 7 (3a u. 3b)] sowie: S. Tomkins, American Gas-Yournal Bd. 141 Nr. 6 (Dez. 1934) S. 16 bis 20, 50, 52 bis 54 (Verdrängung der Luft bei Inbetriebnahme von Gasgeräten und Leitungen zur Verhütung explosibler Gasluft-Gemische).

[39]) Nach Bunte und Steding a. a. O. Zahlentafel 1 war diese Zahl bei einem reinen Steinkohlengase genau: 17,56% für Kohlensäure-Zumischung und 20,16% für Stickstoff!

Für den allgemeinen Verkehr tritt die Inbetriebsetzung neuer Rohrleitungen dadurch in Erscheinung, daß man den Aufbau und den Betrieb der Straßenbeleuchtung mit Gas wahrnimmt.

II. Zünden und Löschen der Laternen geschieht heute
kaum noch durch die Lunte des Laternenwärters, wie sie einst im
romantischen Dämmerlicht durch die städtischen Straßen huschte[40] —
— — die gelben Laternenflammen zündeten und damit auch der ehr-
samen Hausfrau in den Häusern der »guten alten Zeit« das Zeichen gab,

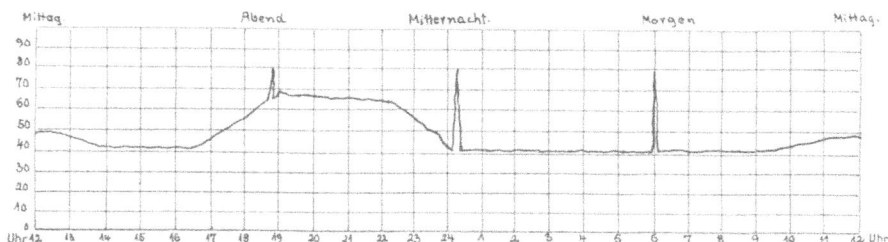

Abb. 44. Schaubild des Druckwellenverlaufs für Straßenbeleuchtung.

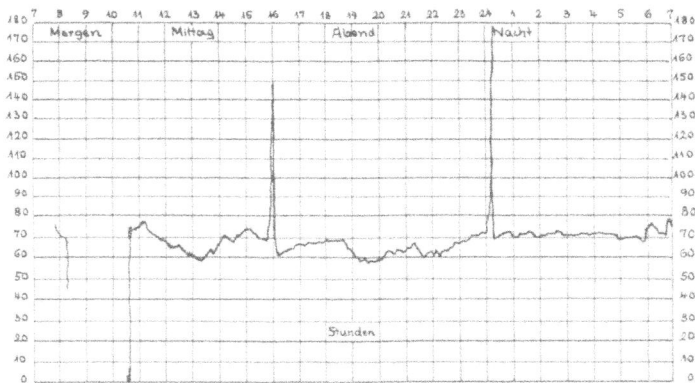

Abb. 45. Schaubild des Gasdruckes in einem Straßenrohr.

daß nunmehr die »Dunkelstunde« beendigt sei. Zeituhrzünder oder
Fernzünder mit Druckwellenbetätigung haben die Laternenwärter ab-
gelöst! Nur einige wenige Radfahrer mit ausziehbarem Lampenstock
durchschwirren weite Straßenbezirke, um etwaige Versager an den
Fernzündern von Hand zu betätigen. Der Lampenanstecker[40] steht
einsam im Gaswerk oder am Bezirksdruckregler und betätigt von dort
aus die »Druckwelle« (Abb. 44 und 45).

---

[40] Vgl. z. B. die englische Erzählung »Der Lampenputzer«; nach »Cummins«,
deutsch von O. Höcker, Reutlingen (b. Enßlin u. Laiblins).

In Rohrnetzen mit einheitlicher Druckgebung vom Gaswerk aus oder von der Reglerstelle einer Gasbehälterstation oder von der Einmündung einer Ferngasleitung aus läßt sich die plötzliche Druckerhöhung für die Ferndruckwellen leicht durch Öffnen eines Umgangsschiebers an dem einzigen vorhandenen Druckregler bewerkstelligen, dann wirkt für kurze Zeit — unter Umgehung des Reglers — der Gasbehälterdruck auf die Rohrleitung. Bei mehrhübigen (teleskopierten) Gasbehältern kann unter Umständen dieser Druck zu hoch sein, dann erfordert die Regulierung der Druckwellenhöhe große Aufmerksamkeit und Gewissenhaftigkeit des Druckreglerwärters. Unter Umständen wird man daher in die Umgangsleitung des Gasdruckreglers einen zweiten (trockenen) Druckregler einbauen, der die Höhe der Druckwellen begrenzt.

Bei trockenen Stadtdruckreglern läßt sich die plötzliche Belastung für die Erzeugung der Druckwelle dadurch erzielen, daß man den Raum oberhalb der Membrane mit der Gasleitung verbindet, während sie sonst gewöhnlich mit der Außenluft verbunden ist. Dann wirkt der Gasdruck auch oberhalb der Membrane und bewirkt das Öffnen des Reglers.

Dieses Zu- und Abströmen des Gases oberhalb der Membrane kann auch von einer Zentralstelle aus eingestellt werden. Wo ein Gasverteilungsgebiet mehrere Regler hat, kann auf diese Weise die Druckwelle für die Straßenbeleuchtung doch einheitlich geordnet werden. Man benutzt dann an jedem Regler ein Schaltgerät zur Betätigung der Druckwelle und diese Schaltgeräte werden einheitlich von der Druckwelle des Zentraldruckreglers betätigt. Wo das nicht möglich ist, kann man die Betätigung des Schaltgerätes durch ein Uhrwerk oder von der Zentrale aus auf elektrischem Wege bewirken. Schließlich ist zu beachten, daß die Betätigung der Druckwelle von Hand an den Bezirksreglern keinen besonderen Zeit- und Arbeitsaufwand bedeutet, wenn z. B. der vorerwähnte Radfahrer für die Nachprüfung der Straßenbeleuchtung seinen Weg am Bezirksregler beginnt.

Die Druckwellen für die Betätigung der Straßenbeleuchtung durchdringen leider das ganze Rohrnetz der Gasverteilung und gelangen auch in die Steigeleitungen der Hauszuleitungen und durch die Gasmesser sogar vor die Brenner der Gasgeräte. Daher sollte man der Bemessung der Druckwellen und ihre Auswirkung auf die verschiedenen Gebiete der Gasverteilung besondere Aufmerksamkeit schenken!

Die öffentliche Beleuchtung war zwar historisch die »erste« Aufgabe der Gasverteilungsrohrnetze; heute aber teilen sich Gas und Strom in diesen Dienst. Die Gaslieferung für Straßenbeleuchtung ist nur ein Bruchteil der Gesamtgasabgabe. Nach der 54. Gasstatistik des DVGW dienten nur 27 620 000 m^3 = 11,6% der Gesamtgasabgabe von 737 deutschen Städten der öffentlichen Beleuchtung 1932/33. 2 375 460 000 m^3 = 88,4% dienten der Gas-»Versorgung« der Bevölkerung dieser Städte.

Beteiligt waren daran

6 455 981 Gasabnehmer mit

7 382 000 Gasmessern für

33 744 000 Einwohner.

So gesehen, sind die Gasrohrnetze Träger gewaltiger Wirtschaftswerte, geschäftige Hände, welche die Wärme deutscher Gaskohle als veredelte »gelenkte Arbeit« den deutschen Verbrauchern darreichen. Daher ist, wie wir in Kapitel 4 des näheren sahen, neben der chemischen Beschaffenheit, mit welcher das Gas zur Verteilung gelangt, die

III. Druckgebung und deren Überwachung von ausschlaggebender Bedeutung für die Wirtschaft der Gasverteilung. Wir haben für die Überwachung drei Möglichkeiten:

die gelegentliche oder planmäßige Messung des Druckes an den Geräten der Gasverbraucher und

die dauernde Überwachung des Druckes an wichtigen Verteilungsstellen des Rohrnetzes durch schreibende Geräte, durch Übertragung der Angaben einer ganzen Anzahl über das ganze Gasrohrnetz verteilter Meßgeräte auf eine zentrale Überwachungsstelle.

1. Das erste Verfahren kann nur bei ganz kleinen Gasrohrnetzen genügen; denn falls solche Einzelmessungen ein einwandfreies Bild von dem Druckverlust im Rohrnetz geben sollen, müßten sie im gleichen Zeitpunkt abgelesen werden. Das erfordert natürlich einen unverhältnismäßig großen Aufwand an Zahl und Zeit von Arbeitskräften. Sonst aber ergeben solche Einzelmessungen nur eine sehr unzuverlässige Übersicht. Die Druckbilder (Abb. 13 in Kapitel 4) gaben uns gerade darin Einblick, wie sich die Spitzenbelastungen einer Rohrleitung auf Bruchteile einer Stunde zusammendrängen kann. Eine Druckminderung infolge Rohrnetzüberlastung bedeutet dann aber eine Störung im Gebrauch vieler Gasgeräte. Gerade solche Einzelmessungen können z. B. auch Veranlassung sein, die Druckwelle für die Straßenbeleuchtung zu erhöhen. Viele Messungen zeigen, daß diese Druckerhöhung das zulässige Maß nicht überschreitet; indessen erfolgt durch diese Druckwellenbemessung auf einer schwach besetzten Rohrstrecke eine plötzliche Drucküberhöhung, welche schon in wenigen Minuten die Zerstörung von Kochgut, Backware oder von Gegenständen der Metallbearbeitung, chemischer oder physikalischer Versuche herbeiführen kann. In größeren Gasverteilungsnetzen kann daher die Druckmessung durch lediglich »anzeigende« Geräte nur zur Nachprüfung der Vorgänge einzelner Leitungen oder Verbrauchsstellen dienen, an welchen die Veränderungen der Belastung nach Zeit und Menge bekannt sind.

2. Die schreibenden Meßgeräte sollten daher für die Druck-
überwachung als selbstverständliches Hilfsmittel angesehen werden.
Sie geben nicht nur ein klares Bild vom Verlauf der Druckgebung an
einem einzelnen Rohrnetzpunkt. Aus der Gegenüberstellung der Aufzeichnungen mehrerer Schaubilder schreibender Druckmesser erhält
man ein gutes Bild über die Druckverteilung im ganzen Netz und damit
eine Nachprüfung der Maßnahmen, vor allem der Fehler, in der zentralen
Druckgebung oder z. B. beim Betrieb von Gasfördermaschinen (vgl.
Kapitel 3 D) u. dgl. Weiter ergeben sich wertvolle Fingerzeuge aus der
Beobachtung der Schaubilder eines Betriebsjahres und der entsprechenden Gasabgabetage des Vorjahres. Da die schreibenden Meßgeräte in
handlicher tragbarer Form gebaut werden, ist es ein leichtes, eine Anzahl solcher Geräte nach bestimmtem Plan den Standort wechseln zu
lassen; dadurch wird das Bild vom Zustande der Gasverteilung noch
weiter vervollständigt. Zur Aufklärung besonders komplizierter Erscheinungen kann man dann noch einzelne schreibende Druckmesser
zeitweise auch unmittelbar am Gasmesser oder an gewissen Geräten eines
Gasverbrauchers anbringen und wird dadurch leicht wertvolle Aufklärung erzielen.

3. Das wechselvolle Leben gestaltet aber den Gasverbrauch einzelner Tage, ja Stunden, sowohl bei einzelnen Großverbrauchern als
auch bei Gruppen von Kleinverbrauchern sosehr veränderlich, daß
auch das Studium von Schaubildern schreibender Apparate manche Erscheinung übersehen läßt, welche früher oder später zu Gasverteilungs-
störungen führt (vgl. Kapitel 4, Abschnitt B, I und II).

Zu ganz sorgfältiger Überwachung der Druckverteilung in Rohrnetzen mit stark mannigfaltigem Verbrauch (Raumheizung, Industrie-
gas usw.) dient deshalb die dritte Methode, welche die Druckmessungen einer ganzen Anzahl von Beobachtungspunkten jederzeit auf
elektrischem Wege nach einer Zentrale überträgt und hier
sehen läßt oder gar aufschreibt. Versieht man dann noch solche Anzeige-
geräte mit Grenzkontakten, welche auffallende Erscheinungen besonders
augenfällig machen, so ist die Druckkontrolle vor allen Überraschungen
geschützt. Diese Beobachtungs- und Meßverfahren haben einen außer-
ordentlichen Antrieb durch die Verwendung von Wechselstromimpulsen
erfahren. Dadurch wird es möglich, gewöhnliche Fernsprechleitungen
und die Geräte des Fernsprech- und Fernmeldeverkehrs für den gedachten
Zweck zu benutzen. Die Übertragung wird dadurch vereinfacht, daß
man mehrere Meßgeräte auf einem Leitungspaar übertragen kann. Es
lassen sich sogar von der Postverwaltung zur Verfügung gestellte unbe-
nutzte Fernsprechleitungen für unseren Zweck verwenden. Die Kosten
eines solchen Fernmeldedienstes sind gering, wenn man den ungeheuren
Vorteil einer klaren Nachprüfung der Betriebsmaßnahmen dem gegen-
überstellt.

4. Der Druckschreiber- und Fern-
melderdienst im Rohrnetz bildet die
Grundlage zur Druckgebung am
zentralen Gasdruckregler und/
oder dem Bezirksregler. Auf diesem Wege erst entdeckt man zuverlässig Unstimmigkeiten zwischen den
Erfordernissen des Kundendienstes
und den Druckwellen für die Straßenbeleuchtung. Dieser Beobachtungs-
dienst gibt dann die Grundlage für
die Einstellung der Druckgebung,
auch für Tage voraus.

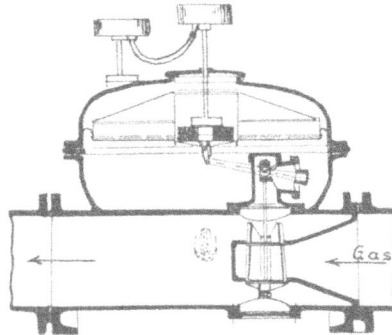

Abb. 46. Regler mit Quecksilber-
Zusatzbelastung.

Bei zentraler Druckgebung wird die Regelung des Gasdruckes durch
Änderung der Belastung des Reglers erreicht. Das kann durch Auflegen
von Gewichten, durch Änderung der Wasserbelastung des Reglers oder

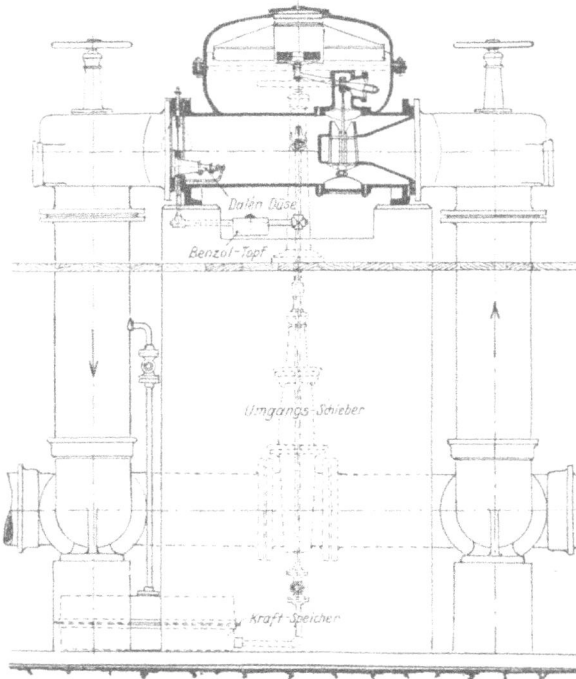

Abb. 47. Gasdruckregler mit Dalén-Einrichtung.

auch durch Quecksilberbelastung geschehen (Abb. 46). Aber auch durch
Absaugen von Gas unterhalb der Membrane trockener Regler läßt sich
die Reglereinstellung regulieren (Abb. 47 zeigt eine derartige Einrich-

10*

tung nach Dalén). Die gleiche Einrichtung verwendet man auch an Bezirksreglern, um zur Zeit hoher Stundenbelastung selbsttätig einen höheren Druck ins Rohrnetz zu geben. Trotz aller Sorgfalt in der Beobachtung der Druckgebung können sich, wie wir das schon in Kapitel 4 erörterten, Mißverhältnisse zwischen dem Gasbedarf der Verbraucher und dem zur Verfügung stehenden Rohrleitungsquerschnitten entstehen. Vermag man diese Übelstände mit der zentralen Druckgebung zu bewältigen, so kann man sich für einzelne Punkte mit unzulässiger Drucküberhöhung derart helfen, daß man an diesen Punkten oder diesen Straßen die Steigeleitungen der Häuser oder die eigentlichen Gasmesser durch Hausdruckregler schützt (vgl. Kapitel 3 C II und III). Früher oder später stellt sich dann doch das Bedürfnis heraus, im ganzen Rohrnetz den Druck zu erhöhen und alle Steigeleitungen oder alle Gasmesser mit Hausdruckreglern zu versehen. Dann kann sich die zentrale Druckgebung

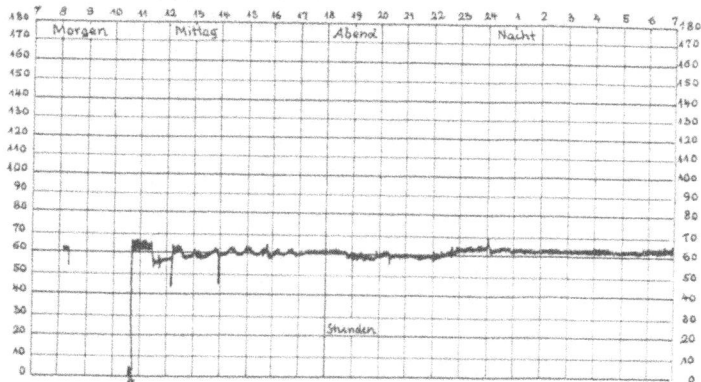

Abb. 48. Schaubild des Druckes hinter einem Wohnungsregler. (Vordruck wie Abb. 45.)

auf die leichtere Aufgabe zurückziehen, überall im Rohrnetz denjenigen erforderlichen Vordruck zu schaffen, welcher nötig ist, um vor den Gasgeräten den Druck sicherzustellen, auf welchem die Hausdruckregler einreguliert sind. Abb. 48 zeigt das Schaubild des Druckes hinter einem Gasmesser derselben Straße, in welcher das Druckbild Abb. 45 aufgenommen wurde.

Das deutsche Sprichtwort sagt: »Wo Holz gehackt wird, fallen Späne« — — — auch im Gaswerk weiß man, daß es Staub und Ruß gibt, wo man Kohlen schippt! Die vornehmste Aufgabe der Technik im allgemeinen — hier im besonderen unserer Gasverteilungswirtschaft — ist es aber, die Verluste der Arbeit auf das kleinste Maß zu beschränken.

IV. Die Überwachung der Gasverluste ist daher nicht minder wichtig als etwa die Beobachtung der Gasausbeute je Tonne

Kohleverbrauch im Gaswerksbetrieb oder in der Kokerei. Das Verhältnis des bei den Verbrauchern kontrollierten und bezahlten Gasverkaufs G_v zu den vom Gaswerk insgesamt abgegebenen Gasmenge G_a ist uns wirtschaflicher Wirkungsgrad des Rohrnetzes.

Dazwischen nimmt der Gasverbrauch G_s der Straßenbeleuchtung eine Sonderstellung ein. Er wird nicht durch Gasmesserablesung bestimmt, sondern durch Untersuchung des stündlichen Gasverbrauchs der einzelnen Brennerarten und ihrer Zündflammen sowie durch Aufrechnung der Brennstundenziffern aller Brenner »berechnet«.

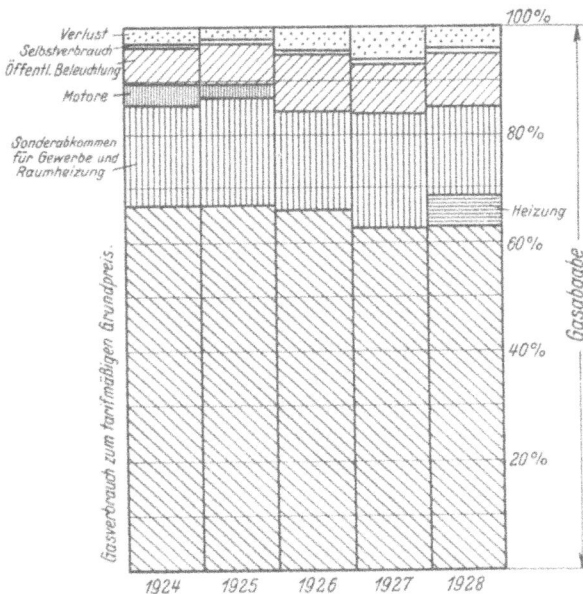

Abb. 49. Entwicklung der Gasabgabe in Hundertteilen.

Bei den öffentlich-rechtlichen Gaswerken (von 737 deutschen Gaswerksunternehmungen waren nach der 54. Gasstatistik DVGW nur 40, mit 137 Städten, rein privatwirtschaftliche Unternehmungen) ist die Leistung der öffentlichen Straßenbeleuchtung auch dann eine selbstverständliche Auflage der Gasverteilungswirtschaft, wenn ihr Wert als Ergebnis der Unternehmung besonders gebucht wird. Diese Gutschrift trägt also der Gaspreis der Gasverkäufer ähnlich wie irgendeine andere »Abgabe«, welche auf der Gaswerkswirtschaft lastet. Daher ist uns die durch Gasmesser kontrollierte Gasabgabe der Kern der Gasverteilungswirtschaft. Abb. 49 stellt die Aufteilung der Gasverteilungsleistung eines Gaswerks in Hundertteilen dar. Der Wirkungsgrad des Rohrnetzes in unserem Sinne ist danach z. B.

$$w = \frac{G_v}{G_a} = \frac{G_a - (G_s + V)}{G_a} = 0{,}85,$$

worin V den Rohrnetzverlust bedeutet. Dieser Wert sinkt bisweilen auf 0,7 und tiefer herab, in gut gepflegten kleinen Rohrnetzen erreicht er aber auch 0,9 und mehr. Gewöhnlich ist letzteres dort der Fall, wo Gasstraßenbeleuchtung nicht mehr zu leisten ist. Und da:

$$V = G_a - (G_s + G_v)$$

ist, so geht jedenfalls aus dieser Überlegung hervor, daß man den Vergleich der Pflege verschiedener Gasrohrnetze niemals allein auf die Ziffer des sog. »Gasverlustes« stützen darf. Die Gerechtigkeit verbietet das angesichts der großen Unsicherheit, welche in der »Berechnung« des Gasverbrauchs der Straßenbeleuchtung liegt. Aber auch wenn dem nicht so wäre — z. B. wo Straßenbeleuchtung mit Gas nicht mehr vorkommt — ist die sog. Gasverlustziffer nicht ohne weiteres Maßstab für die »Undichtigkeit« des Rohrnetzes!

Wir stellen fest:

1. Die Gasabgabe G_s für die öffentliche Straßenbeleuchtung wird gewöhnlich so ermittelt, daß Tag für Tag im Aufsichtsdienst der Straßenbeleuchtung die Brennstundenzahl notiert wird. Die Summe dieser Ziffern wird mit derjenigen der Laternenbrenner multipliziert. Diese Brennstundenziffer wird für jede Gruppe der verwendeten Brennerarten einzeln berechnet. Jede Brennerart hat einen bestimmten durchschnittlichen Gasverbrauch je Brennstunde und einen Tagesverbrauch für die Zündflamme. Die Zündflammenbrennstunden sind aus dem Stadtdruckschaubild ohne weiteres auf dem Gaswerk zu entnehmen (vgl. auch Abb. 44 und 47), weil ja die sog. Druckwelle zum Zünden und Löschen der Straßenlaternen direkt die Brenndauer der Laternen ablesen läßt. Der stündliche Gasverbrauch der Brenner und Zündflammen an den einzelnen Brennergattungen und mit dem wechselnden Verbrauch je nach dem am Standort der Laterne vorhandenen Druck muß natürlich der Wirklichkeit entsprechend in die Rechnung eingesetzt werden. Es genügt nicht, die in den Preislisten der Brennerfabriken oder in Propagandaschriften usw. angegebenen Verbrauchsziffern zu verwerten. Man nehme vielmehr von Zeit zu Zeit aus verschiedenen Rohrnetzgebieten Brenner ab, nachdem man vorher an den Laternen den Fließdruck während der Brennerbetriebszeit gemessen hat[41]. Auf dem Versuchsstand des Gaswerks stellt man diesen Druck wieder her und kann sich nunmehr ein Bild davon machen, wieviel Gas der Brenner und seine Zündflamme im Dienst der Straßenbeleuchtung wirklich verbrauchen. So kommt man zu einem annähernd genauen Bild des gesamten Gasverbrauchs der Straßenbeleuchtung.

[41] Druckregler für Laternenbrenner tun hier gute Dienste, indem sie den Stundenverbrauch nach oben begrenzen!

2. Die nachgewiesene (bezahlte) Gasabgabe G_v ist die Summe aller Gasmesserablesungen desjenigen Abrechnungszeitraumes, für welchen der Rohrnetzverlust bestimmt werden soll. Hier schon entsteht leicht ein vermeintlicher — scheinbarer — Gasverlust durch die Ablesefolge.

Kleine Gaswerke können z. B. die Gasmesserstände monatlich in wenigen Tagen nach dem ersten jeden Monats ablesen. Die dazu nötigen wenigen Arbeitskräfte sind leicht von anderer Arbeit für diese kurze Zeit abzulösen. Anders bei größeren und ganz großen Werken. Hier wird man zweckmäßig die Ablesung auf den ganzen Zeitraum einer Ablesungsfrist (Zeit der Rechnungsausstellung) ausdehnen müssen, um für diesen Dienstzweig der Gasmesserablesung ständiges Personal dauernd gleichmäßig beschäftigen zu können. In der Tat pflegen die Fristen der Rechnungslegung für den Gasverbraucher zwischen 1 und 3 Monate zu schwanken. Wenig bemittelten oder unsicheren Zahlern müssen je nach Zweckmäßigkeit kürzere Fristen zugestanden werden.

Wird nun z. B. im Interesse schnellen Jahresabschlusses eine beschleunigte Gasmesserablesung — oder gar Verkürzung — vorgenommen, so ist zu beachten, daß der erste Gasverbraucher am Anfang der Ablesezeit unter Umständen ein anderes Abrechnungsjahr als der letzte hat, so daß der Unterschied zwischen der auf dem Gaswerk abgelesenen Jahresgasabgabe und der Summe der Gasmesserablesungen leicht eine falsche Abrechnung des Gasverlustes, je nach Umständen plus oder minus, als richtig vortäuscht.

3. Andere natürliche Ableseunterschiede folgen aus den gesetzlich zulässigen Fehlergrenzen der Gasmesser. Im ordnungsmäßigen Betriebe nasser Gasmesser wird man diesen Fehlern durch sorgfältige periodische Beobachtung der Flüssigkeitsstände begegnen. Bei trockenen Gasmessern kann man das nur durch eine periodische sorgfältige Nachprüfung der Zähler erreichen. Dazu gehört, daß man beim Wechsel des Gasverbrauchers an einer Verbrauchsstelle jedesmal die Gasmesser umwechselt — auch wenn der Gasverbrauch fortgesetzt wird —, um im Gaswerk eine Nachprüfung vorzunehmen. Jedenfalls sollten trockene Gasmesser nicht länger als 5 Jahre ohne Nachprüfung an ihrem Standort verbleiben.

Erst wenn man alle vorstehend erörterten Fehlerquellen nach Kräften verstopft hat, erst dann entfällt der verbleibende rechnerische Gasverlust auf Fehler (Undichtigkeiten) im Rohrnetz. Die Beobachtung der Dichtigkeit des Rohrnetzes sollte heute nicht mehr wie früher der am meisten vernachlässigte Betriebszweig sein. Wenn z. B. bei einer Gasabgabe von 5 000 000 m³ unser Rohrnetzwirkungsgrad 85% betragen kann und auf 70% heruntersinkt, so ist das bei einer durchschnittlichen Bewertung von 15 Rpf. ein Umsatzverlust — Verlust an Gaserzeugungsmöglichkeit (Kapazität) — von

$$\frac{(85-70)}{100} \cdot 5\,000\,000 \cdot 0,15 = \text{RM. } 112\,500,\text{— jährlich.}$$

4. Bei der Verlustberechnung, z. B. für eine Jahresabrechnung, finden die Ablesungen im Gaswerk pünktlich am ersten Tag des Abrechnungszeitraumes — z. B. 1. Januar oder 1. April — morgens 6 Uhr statt. Beim Beginn einer neuen, nachfolgenden Abrechnungsfrist wird das ebenso pünktlich wiederholt; dasselbe gilt von den Gasbehälterständen. Die Ablesung der Gesamtjahresgasabgabe G_a ist also eine zuverlässige Ziffer, welche auf Normaltemperatur für Trockengas (Normalkubikmeter) umgerechnet werden kann. [II 30 S. 144 u. II 41 S. 54]. Ohne eine solche Umrechnung entstehen weitere erhebliche scheinbare Verluste. Arbeitet z. B. ein Gaswerk mit Wassergaserzeugung in den Retorten oder Kammern, so kann bei ungenügender Kontrolle des Dampfens der Vergasungsräume und unzureichender Kühlung viel überhitzter Wasserdampf in die Gasbehälter übergehen. Dieser Dampf wird dann in dem Rohrnetz — zumal wenn es teilweise im Wasser liegt — niedergeschlagen [42]. Rechnungsdifferenzen von fünf und mehr Hundertteilen dürfen dann nicht überraschen.

5. Der so im Gaswerk ermittelten und berichtigten Gasabgabe G_a wird nun die Jahressumme der Gasmesserablesungen G_v bei den Gasverbrauchern gegenübergestellt.

6. Zur Bekämpfung des Gasverlustes [I 7 (1 b) (5 b) (6 b) (6 c) 3 (1 b) 13 (1 a)] leisten Prüfrohre, wie sie in Kapitel 6 A, V, Abb. 26 dargestellt sind, gute Dienste. Eine dauernde periodische Rohrnetzüberwachung mit diesen Prüfrohren wird derartig durchgeführt, daß in regelmäßigen Zeitabständen in die Straßenkappen dieser Prüfrohre Fließpapierstreifen eingehängt werden, deren Spitzen in ammoniakalische Palladiumchlorürlösung eingetaucht sind. Ein Streifen von etwa 1 m³ Breite und 2 cm Eintauchung genügt vollkommen, um das Vorhandensein von Leuchtgas (Kohlenoxyd) durch Grau- oder gar Schwarzfärbung der gelben Lösung erkennen zu lassen. Der Beauftragte der Rohrnetzüberwachung erhält zu diesem Zweck von der Rohrnetzdienststelle diese Fließpapierstreifen, numeriert nach den im Straßenverzeichnis vorhandenen Nummern der Prüferkappen, und hängt an Hand eines entsprechenden Straßenverzeichnisses so viele Fließpapierstreifen ein, als er in einem Tagewerk auch wieder herausnehmen kann. Die verdächtigen Stellen markiert er in seinem Buch und liefert die zugehörigen Streifen ab. Nach diesem Befund hat dann die Rohrnetzaufsicht das Erforderliche zu veranlassen. Wenn solche Verlustanzeigerkappen auf jede gefährdete Rohrnetzstelle z. B. Kreuzung von Kabelkanälen, Überquerung von Leitungen anderer Verwaltungen, unter besonderer Verkehrsbelastung usw. richtig verteilt werden, und dazwischen zur Beobachtung der Haus- und Laternen-

---

[42] Vgl. Fußnote 44).

zuleitungen in Entfernungen von 30 bis 50 m Prüferkappen aufgestellt werden, so kann hier mit wenigen Arbeitskräften jahrüber eine gut wirkende Arbeit zur Verlustminderung geleistet werden. Nach einiger Übung der Rohrnetzvorarbeiter führt diese Einrichtung schnell dazu, daß Aufgrabungen nach Gasverluststellen kaum noch vergeblich gemacht werden. Besonders wertvoll ist aber diese Einrichtung, wenn ein Haus durch Gasausströmungen belästigt wird, das selbst keinen Gasanschluß hat, wenn also Anhaltspunkte für die Quelle dieser Gasausströmung anders schwer zn gewinnen sind. Besonders gute Dienste leistet aber die Anordnung von Gasprüfern und ein regelmäßiger Prüfungsdienst des Rohrnetzes bei Frostwetter. Es ist bekannt, daß das Erdreich bei Frost Bewegungen ausgesetzt ist, die im frostfreien Erdreich nicht stattfinden. Dadurch treten Spannungen auf, die leicht zu Undichtigkeiten an Gaszuleitungen und bei deren Mündung in das Hauptrohr herbeiführen können. Die nachstehende Zahlentafel 16 zeigt einen Überblick über den Erfolg einer sorgfältigen Rohrnetzüberwachung. Vor 1898 bewegte sich dort der Verlust um rd. 8%, dann folgten etwa 5 Jahre großer Gefährdung des Gasrohrnetzes durch Bau der Kanalisation der Stadt. Gelegentlich der damit verbundenen zahlreichen Rohrbrüche — Haus- und Laternenzuleitungen waren bis dahin aus Gußeisen hergestellt — wurden schweißeiserne dickwandige Zuleitungen mit gut isolierendem Anstrich und Juteumwicklung hergestellt.

Zahlentafel 16.

Jahr	Gasabgabe ins Rohrnetz (Verhältniszahl)	davon öffentliche Beleuchtung %	Verluste %	zusammen Spalte 3 + 4 %	Länge des Rohrnetzes in km	Verlust je km Rohrnetz im Jahr in m³
1	2	3	4	5	6	7
1892	100	26,9	7,9	34,8	104	3832[6]
1894	110	25,0	7,8	32,8	107	4060
1895	112	26,3	8,2	34,5	107	4765
1898	156	15,5 [1]	15,0 [2]	30,5	120	9810[7]
1900	178	15,7	9,4	25,1	133	6320
1902	201	13,8	7,3	21,1	136	5429
1910	404	11,7 [4]	4,4	16,1	254 [3]	3530
1914	602	9,4 [5]	3,6	13,0	272	3554
1921	330	6,6 [10]	3,9	10,5	285	2295
1925	531	8,5 [10]	3,0	11,5	321	2540 [8]
1931	692	9,3 [10]	3,0	12,3	387	2550 [9]

[1] Einführung des Gasglühlichts
[2] Höchste Bauleistung der Kanalisation
[3] Erweiterung des Rohrnetzes durch Eingemeindung usw.
[4] Einführung der Fernzündung durch Druckwellen vom Zentral-Stadt-Druckregler aus
[5] Einschränkung der öffentlichen Beleuchtung im Kriege.
[6] Mittlerer Druck im Rohrnetz 30 mm WS
[7]   ,,   ,,   ,,   ,,   45   ,,   ,,
[8]   ,,   ,,   ,,   ,,   50   ,,   ,,
[9]   ,,   ,,   ,,   ,,   60 bis 80 mm WS
[10] Steigende Verwendung elektrischer Straßenbeleuchtung.

Während dieser zahlreichen Aufgrabungen erfolgte eine genaue Rohrnetzaufnahme und Festlegung in Skizzenbüchern und Plänen gemäß Kapitel 6 C V und Aufstellung von Gasverlustanzeigern nach Kapitel 6 C, IV, 6.

Selbst wenn man noch nicht den Erfolg nach dem unglücklichen Baujahr 1898 bemißt, sondern nur den Vergleich zwischen Spalte 4 für 1900 und 1925 zieht, so würde bei rd. $(9,4 — 3,0) = 6,4\%$ Rohrnetzverlust für je $10 \cdot 10^6$ m^3 Jahresgasabgabe der Wert von 640 000 m^3 Gasabgabe gerettet sein! Für die Gasverteilungswirtschaft bedeutet das eine Rettung von Nutzgaserzeugung, die sich am Tage der höchsten Gasabgabe auf rd. 256 m^3/h beläuft.

V. Planung, Aufbau und Instandhaltung — Pflege — sind ganz verschiedene Kreise »gelenkter Arbeit«.[43]) Jeder dieser Kreise verlangt anderes Können und anderes Wissen. Erst die einheitliche zielstrebige Zusammenfassung der in diesen Arbeitskreisen eingesetzten Menschen macht die Gasverteilung zu einer wirtschaftlichen Einheit, zu einer Brücke zwischen Gaserzeugung und Gasverbrauch, zwischen

Energiewirtschaft und Menschenarbeit.

Das ist der »Rohrnetz-Pflegedienst«.

Die Gliederung dieses »Dienstes« wird sich zweckmäßig an die Einteilung unserer Betrachtung in den vorstehenden Abschnitten II, III und IV anschließen. Der Laternenwärterdienst wird sich mit dem Putzen, Glühkörperersatz und dem Radfahrerdienst während des Zündens und Löschens durch die Druckwelle (oder Zeituhren) in der üblichen Arbeitszeit erschöpfen. Daher wird man die übrigen Tätigkeiten zweckmäßig besonderen Arbeitsgruppen übertragen. Deren Zahl bestimmt naturgemäß der Umfang des Rohrnetzes und dessen Form, Verkehrsdichte u. a. m. Man wird hier unterscheiden:

a) eine Gruppe, welche die Schaublätter an den schreibenden Druckmessern täglich auswechselt und/oder den Standort dieser Druckmesser planmäßig oder nach Sonderaufträgen der Aufsicht verlegt.

b) Eine Gruppe Arbeiter, welche die Niederschläge aus dem Rohrnetz an den Wassertöpfen auspumpt[44]) und die Verschlüsse (besonders der Scheidewandwassertöpfe) beobachtet.

---

[43]) Vgl. 6. Kap. D I Satz 2.

[44]) Das Gaswasser lasse man nicht frei auf die Straße auslaufen. Der Geruch belästigt den Straßenverkehr und nach dem Abtrocknen verunzieren die Rückstände das Straßenpflaster. Zweckmäßig saugt man das Wasser mit einer Vakuum-Pumpe aus den Wassertöpfen in einen geschlossenen Behälter und bringt es, um es unschädlich zu machen, zum Gaswerk. Pumpe und Behälter befinden sich auf einem fahrbaren Gestell, dessen Fahrmotor auch die Pumpe antreibt. Je nach Größe des Betriebes wählt man als Behälter ein Faß oder einen Kessel von $1 \div 1,5$ m^3 Inhalt. Mittelbar ist auch dieser Dienst Kunden- und Werbedienst!

c) Eine Gruppe, welche die Gasverlustanzeiger planmäßig mit Palladium-Chlorür-Streifen versieht und der Aufsicht die verdächtigen Befunde meldet [Vgl. 6, Kap. C IV, 6].

d) Eine Gruppe — je nach Größe des Rohrnetzes werden es mehrere sein —, welche mit einigen in Neubau und Reparaturen von Rohrleitungen erfahrenen Hilfskräften unter Führung eines Rohrlegers die von den Gruppen a), b) und c) gemeldeten oder vom Publikum angezeigten Schäden im Straßenbeleuchtungs- und Rohrnetz täglich beseitigt.

Während in kleinsten Gaswerken der Betriebsleiter mit wenigen Hilfsarbeitern einheitlich alle diese Arbeiten leitet, wird man in größeren Werken diese Gruppeneinteilung nach Stadtbezirken einrichten und jeden Bezirk einem Aufseher unterordnen. Diese Bezirksaufseher werden dem Leiter des gesamten Gasverteilungsdienstes — einem Ingenieur — unterstellt.

Sehr wichtig ist die Auswahl dieses Vorstehers des Gasverteilungsdienstes; denn wenn dieser Dienstzweig seinen Zweck erfüllen soll, muß in seinem Leiter die persönliche Fühlungnahme mit dem Aufsichtsdienst der Gaserzeugung sowohl als auch mit dem Leiter des Gasvertriebs und seines Werbedienstes (Propaganda) sichergestellt sein. Diese Fühlungnahme muß ferner durch Kenntnisse und Erfahrung getragen sein, welche den Leiter dieses Aufsichtsdienstes befähigen, mit den Führern der Gaserzeugung und des Gasvertriebes in deren eigener Verkehrssprache und aus voller Verantwortung gegenüber Gasverbraucher und Sicherheitsdienst der Straße verkehren zu können.

Schließlich gehört zu diesem Dienst noch eine Wachtbereitschaft, welche bei Tag und bei Nacht auf Anruf aus dem Rohrnetz sofort ausrücken kann, um bei Gasausströmungen die erste Hilfe leisten zu können. Diese Wachtbereitschaft muß aus wenigstens einem Rohrleger und 2 Mann bestehen, welche auf einem Kraftwagen das nötige Werkzeug, Gasmasken, Sauerstoffapparat und Absperrgerät für Baugruben mit sich führen. Im Winter muß diesem Kraftwagen noch ein Druckluftgerät angehängt werden, um Pflaster und gefrorenen Erdboden schnell und gefahrlos — Funkenbildung wird durch Öl verhindert! — aufbrechen zu können.

An der Amtsstelle des Rohrnetzpflegedienstes müssen die nötigen Schreib- und zeichnerischen Hilfskräfte zur Verfügung stehen, um den planmäßigen Kontrolldienst und seine Ergebnisse darzustellen und die Angaben aus dem Rohrnetzneubau für die Rohrnetzpflege in deren Listen und Zeichnungen laufend zu ergänzen.

Diese Amtsstelle sowie jede etwaige Bezirksstelle muß über folgendes Material zur Orientierung bei allen Straßenarbeiten verfügen [II 31 Bd. X, S. 108/125];

1. Ein Übersichtsplan über das gesamte Rohrnetz und/oder Bezirksrohrnetz,
2. alphabetisches Straßenverzeichnis,
3. Kleinskizzen, in Büchern geordnet, aus welchen jeder Beteiligte schnell und sicher vor jedem Hause jeder Straße feststellen kann,
   a) Lage des Gasrohrs,
   b) Lage der Zuleitung zum Hause,
   c) Lage von Leitungen anderer Verwaltungen,
   d) Lage der Wassertöpfe, Gasverlustanzeiger u. dgl. m.

Die vorstehend beschriebene Wachtbereitschaft muß dieses Material an ihrem Standort gleichfalls zur Hand haben, um vor dem Ausrücken oder auf der Wagenfahrt bis zum Eintreffen am Schadensort über die Lage orientiert zu sein.

Wichtig für den Rohrnetzpflegedienst ist auch eine klare Abgrenzung seines Pflichtenkreises. Rein äußerlich wird man zweckmäßig zum Gasverteilungsnetz alle Leitungen zählen, welche ungemessenes Gas führen. Danach beginnt das Gasverteilungsnetz am Ausgang des Stadtdruckreglers der Gaserzeugung und endet am Eingang zum Gasmesser des Verbrauchers.

D. Wirtschaft der Gasverteilung.

I. Die Wirtschaft der Kohleveredelung (Entgasung und Verarbeitung der Nebenerzeugnisse) wird in Denkschriften und Propagandabildern als Baum [II 40] dargestellt, der als Kohlestamm in der Erde fest verwurzelt ist, sich dicht darüber als knorrige Gabel in Koks und Gas teilt; im weiteren Wachstum breiten sich starke Zweige zu einer weit ausspannenden Baumkrone mit nahezu 600 Endergebnissen aus.

Man hat gesagt [II 23]: »Wirtschaft ist nichts weiter als gelenkte Arbeit«.

Von höherer Warte gesehen, treffen sich beide Bilder in der Vorstellung (Arbeitshypothese) der modernen Atomlehre, wonach das Gefüge der sichtbaren Natur als ein Strom kleinster Energieeinheiten (Elektronengruppen) anzusehen ist, welche beständig in Bewegung sind. So gehen auch die Aufbau- und Nährstoffe eines Baumes aus Erde, Wasser und Luft in die feinsten Blattspitzen und atmen in eine Welt von Atomen aus, mit der sie — scheinbar — keinen Zusammenhang haben! Nur ein verkümmerter Ast bleibt an diesem Leben unbeteiligt.

Wir erinnern uns hier des in Kapitel 2 B Gesagten. Die nationalwirtschaftlichen Belange treiben zu einer starken Ölgewinnung aus dem deutschen Kohlevorkommen. Dadurch ist für die Zukunft eine eigenartige Verflechtung von Verfahren zu erwarten, in denen das Gaserzeugnis der Entgasung und Vergasung — hier Rohstoff (Ausgangsstoff), dort Hilfsstoff oder Abfall — Endergebnis wird. Jedenfalls bleibt es

Ziel der Gemeinwirtschaft, diese Gase alle wirtschaftlich nutzbar zu machen und erst dann und lediglich für die Belieferung entlegener Siedlungen wird Gas noch als Selbstzweck in besonderen Werken zu erzeugen sein.

Die Fragen der Gasverteilung bleiben davon unberührt, da man Rohstoff, Abfallgas und/oder Stadtgas aus Eigenwerken nach Möglichkeit als »Normal«-Gas nach heutigen oder veränderten Normen verteilen wird. Solches erfordert die einfache Rücksicht auf die Verbraucher und auf — was in diesem Fall dasselbe ist — die Industrie der Gasgeräte. Wenn wir daher in der vorliegenden Arbeit vom Gas der öffentlichen Gasversorgung sprechen, bedienen wir uns lediglich der Ausdrucksweise der heutigen Städteversorgung, ohne ihr damit irgendeine bevorzugte Sonderstellung vorbehalten zu wollen. Die Ausführungen in Kapitel 1 haben gezeigt, wie sehr alle bisherigen Streitigkeiten zwischen verschiedenen Formen künstlicher Energie fortan von der einen Zielsetzung beherrscht werden, die Wirtschaft der deutschen Kohle zu dem höchsten volkswirtschaftlichen Wirkungsgrad zu führen, um die beste Sicherung des Lebensraumes dieser deutschen Wirtschaft zu erhalten. Dabei wird in nächster Zukunft die Frage des Absatzes von Restgasmengen richtunggebend werden [I 4 (2 b), (2 c), (2 d), (3 a)].

Wirtschaft der Gasverteilung ist daher für uns hier die »gelenkte Arbeit« der Beförderung von Gas als Kohleenergie ab Gaserzeugungsstelle (oder Verteilungsstelle) zur Gasverwertung in Gasfeuern der Haushalte, Gewerbebetriebe, Handel, Verkehr und Industrie.

II. Für Erfolg oder Mißerfolg dieser Arbeitsleistung — Verteilungswirtschaft — ist die Höhe der Selbstkosten je 1000 m³ Verkauf der natürlichste Ausdruck. Wir kleiden ihn in die Form:

$$s_r = \frac{1000 \cdot (K_z + K_b)}{G_v};$$

darin bedeuten:

K_z die Kosten des Kapitaldienstes (Zinsen und Abschreibungen),

K_b die laufenden Kosten der Gasverteilung (Löhne, Hilfsstoffe usw.),

G_v die durch Gasmesser kontrollierte Jahresgasabgabe in m³, soweit sie tarifmäßig oder auf Grund besonderer Zahlungsabkommen erfolgte (Gasverkauf!).

Bei einem kleinen Rohrnetz alten Stils, dessen Rohrweiten nach Gefühl und vermeintlich »praktischen« Mindestmaßen gewählt sind, sind K_z und K_b eindeutige Werte. Der Wert K_z hat dabei die natürliche Stetigkeit fester Unkosten, weil er wesentlich durch die ersten Anlagekosten bestimmt wird.

Der Wert K_b erfährt die übliche konjunkturbestimmte Änderung (Lohnhöhe!), ist daher veränderlich, wenn auch nicht im Sinne beweg-

licher Produktionskosten je m³. Denn dieser Dienst an der Gasverteilung verändert sich nur in großen Stufen der wachsenden Verteilungs-
aufgabe (vgl. Kapitel 6 C).

III. Immerhin zeigt uns schon die Überlegung Abschnitt II, daß
die Gasverteilungsunternehmungen das größte Interesse daran haben,
die Kubikmeterzahl des Verkaufs je 100 lfd. m Rohrnetz
stark zu vergrößern, damit den Gasverkauf im Rohrnetz zu
verdichten und zu verbilligen. [Vgl. 4. Kap. Zahlentafel 5].

Das Rückgrat der städtischen Gasversorgung ist heute noch der
Haushaltgasverbrauch. Nach der 54. Gas-St. des DVGW hatten von
796 beteiligten Gasverteilungsunternehmungen nur ganz vereinzelte —
etwa 1½% — weniger als 50% des Gasverkaufs am Ort für Haushaltverbrauch abgegeben. Und bei diesen wenigen handelte es sich überwiegend um Werke großer gewerblicher Gasabgabe, zum Teil um Klein-
und Hausindustrie, bei welcher Haushaltverbrauch und gewerblicher
Verbrauch zusammen angegeben wurden. Von der Gelegenheit zu
gewerblicher Gasabgabe abgesehen — welche meist auf besonderem ört-
lichem Wirtschaftsgefüge beruht — ist die Verdichtung des Gasverkaufs
im Rohrnetz noch wesentlich vom Haushalt-Gasverbrauch abhängig.

Schon in Kapitel 4C III (vgl. Abb. 21 a. a. O.) ist auf die Möglichkeiten aus zunehmender Bebauung, Verdrängung der festen Brennstoffe
im Winter u. dgl. m. hingewiesen worden.

Nach Kapitel 4 Zahlentafel 5 schwankte schon in ein und derselben Stadt innerhalb 19 Beispieltypen moderner Straßenbauweise:

> die Gasmesserzahl je 100 lfd. m Straße zwischen 3 und 160,
> der Gasverkauf je bebautes lfd. m Hauptrohr zwischen 20 und
> 307 m³.

Die mit den Spaltensummen errechneten mittleren Werte sind
23,5 bzw. 430 bzw. 101. Die mittlere Gasmesserflammenzahl ist gleich
$\frac{\text{Sp. d}}{\text{Sp. c}} = 9$. Nimmt man noch nach Abb. 16, 17, 18 im 4. Kapitel, Abschnitt CII den mittleren Anschlußwert jener 19 Typen je Gasmesser-
flamme etwa zu

$$\left[\frac{1,20}{5} + \frac{3,05}{10} + \frac{2,88}{10}\right] \cdot \frac{1}{3} = \frac{0,24 + 0,31 + 0,29}{3} = 0,28 \text{ m}^3/\text{h},$$

so wäre für die mittlere Verteilungsleistung je Haushaltgasmesser eine
Steigerung von 430 m³ auf

$$\frac{0,24 + 0,31 + 0,29}{3} \cdot 9 \cdot 365 = 920 \text{ m}^3/\text{h möglich!}$$

Außerdem ist hier das große Gebiet der Raumheizung[45] offen,

---

[45] Vgl. 1. Kap. B 1 u. 2. Kap. A VI.

die heute überwiegend erst auf Räume öffentlicher Gebäude und gewerblich genutzter Gebäude beschränkt ist.

Weiter greifen wir aus der 54. Gas-St. des DVGW die Rohrnetzkennziffern zweier kleinster Werke unter 500 000 m³ Jahresgasabgabe, zweier Werke von ca. 2 bis 3 · 10⁶ m³, zweier Werke von 10 bis 30 · 10⁶ m³ und zweier zwischen 80 und 335 · 10⁶ m³ und stellen sie in nachstehender Zahlentafel 17 zusammen:

Zahlentafel 17.

Kennziffern von acht Gasverteilungs-Rohrnetzen.

Lfd. Nr.	Gasverkauf aus Gasmessern im Jahr in 1000 m³	Gasverkauf aus Gasmessern je lfd. m Hauptrohr m³	Einwohner je 100 lfd. m Hauptrohr	Gasverkauf je Gasmesser	Gasmesser je lfd. m Hauptrohr	Ein Gasmesser auf Einwohner
a	b	c	d	e	f	g
1	107,4	15	61	199	7,7	8,0
2	437,6	34	70	320	10,0	6,6
3 [1]	2 173,7	45	104	224	20,3	5,1
4	2 514,2	74	117	297	24,7	4,7
5	13 515,—	52	68	294	14,0	3,8
6 [2]	28 808,—	104	107	478	21,8	4,6
7	58 165,—	65	70	391	16,5	4,2
8 [3]	335 128,—	84	85	318	26,4	3,3

[1] Nr. XI in Kap. 4. Zahlentafel 3.   [2] Nr. VII a. a. O.   [3] Nr. I a. a. O.

In dieser Zahlentafel gibt Sp. b die absolute Größe der Gasverteilung, Sp. d zeigt uns die Bevölkerungsdichte. Die Dichtigkeit des Gasverkaufs aus dem Rohrnetz zeigen die Sp. e, f, g. Die Ziffern in Sp. d verlaufen keineswegs proportional mit Sp. c. Das hat seinen Grund in der Entwicklung der Ziffern in Sp. e. Besser noch sind dazu Vergleiche der Gasmesserflammenzahlen geeignet. Leider enthalten die letzten Statistiken des DVGW (seit der 49. Gas-St.) nicht mehr die Gasmesserflammenzahlen. Jedenfalls gibt ein Vergleich des Gasverbrauchs je lfd. m Hauptrohr mit der Zahl der Anwohner je 100 lfd. m und der Höhe des Gasverkaufs je Gasmesserflamme den allerbesten Aufschluß über die Wirtschaftslage zweier Gasversorgungsgebiete! An diesen Zahlenreihen sieht man auch, wie weit die Gasabsatzmöglichkeiten in Haushalten ausgenutzt worden sind oder ob sie durch Tarif und Propaganda noch ergänzt werden können; z. B. gewinnt man auch dafür einen Maßstab, welche Lasten dem Gaslieferer aus dem relativ schlechten Gasverbrauch großer Haushaltmesser entstehen; z. B. sehen wir in Kapitel 4, Zahlentafel 5):

	bei durchschnittl. Gasmesserflammenzahl je Gasmesser	bei einem Jahresgasverkauf je Gasmesser von m³	bei einem Jahresgasverkauf je Gasmesserflammenzahl von m³	
Nr. 8	19	980	51	}!!
Nr. 9	4,2	192	46	

IV. Weit verbreitet ist die Neigung, wichtige Entscheidungen der Betriebswirtschaft durch Anschauungen beeinflussen zu lassen, welche aus »Umfragen« ermittelt werden. Ohne genaue Kenntnis der Grundlagen, auf welchen die Antworten beruhen, haben derartige Rundfragen wenig Wert und können leicht in die Irre führen. Aus Veröffentlichungen des DVGW u. a. m. geben wir in nachstehender Zahlentafel 18 von neun Gasversorgungsanlagen die Kostenverteilung des Gasverkaufs ab Eingang Gasbehälter bis Ausgang Gasmesser des Gaskäufers einschl. Geldeinziehungsverfahren:

Zahlentafel 18.

Lfd. Nr.	Verteilung:	I	II	III	IV	V	VI	VII	VIII	IX
1	Zahl der Gasmesser .	538	1300	1478	1618	4498	8275	9393	13 069	57 628
2	Gasverkauf je lfd. m Hauptrohr	19	40	—	—	40	79	50	41	112
3	Gasverkauf je Gasmesser und Jahr . .	256	244	396	400	479	324	266	249	521
4	Verhältnis i. H.: $\dfrac{\text{Gasverkauf}}{\text{Gasabgabe}}$	78	80	71	80	80	63	81	67	88
	Gasverteilungskosten je 1000 m³ Gasverkauf	RM.	RM.	RM.	RM.	RM.	RM.	RM.	RM.	RM.
5	für Betrieb u. Instandhaltung im Werk (Rohrnetz)	34	34	16	25	25	27	16	24	16
6	Verwaltungs-Unkosten	43	16	9	12	12	14	13	17	18
7	Kapitaldienst	8	3	5	17	9	5	10	23	36
8	Summe Zeile 5, 6, 7 .	85	53	30	54	46	46	39	64	70
9	Unkosten lt. Zeile 8 je Gasmesser . . .	21,76	12,93	11,88	21,60	22,03	14,90	10,37	15,94	36,47

Ein Blick auf die Zeilen 5, 6 und 7 der Zahlentafel 18 zeigt den Widerspruch:

a) die direkten beweglichen Unkosten Zeile 5 der Gasverteilung fallen mit steigender Gasmesserzahl, während

b) der Kapitaldienst steigt (je 1000 m³)!

Folgerung: Die Bemessung der Abschreibungen ist in den neun Beispielwirtschaften so verschieden und stellenweise so unzureichend gehandhabt worden, daß hier offenbar ein Wirtschaftsfehler vorliegt, wenn man die Zahlen werkwirtschaftlich allein beurteilt!

Z. B. beträgt der ganze Kapitaldienst nach Zahlentafel 18, Zeile 2, 7 und 1 in Sp. I bei 538 Gasmessern und einer Hauptrohrlänge von z. B. 7000 lfd. m:

$$\frac{19 \cdot 8 \cdot 7000}{1000} = \text{RM. } 1\,064,\text{—}.$$

In Abschnitt A II von Kapitel 4 [I 10 (1 a u. 1 b)] wurde bereits der lebhaftesten Gründungszeit solch kleiner Gasversorgungen gedacht. Damals war für derartige Kapitalsanlagen ein häufiger Satz 4,5 + 1,5 = 6% Zinsen und Tilgung. Wenn man — wie das bei diesen kleinsten Gaswerken leider sehr häufig geschieht — den Abschreibungssatz auf die Tilgungsrate beschränkt, so würde sich der derzeitige Anlagewert unseres Beispiels I in Zahlentafel 18 auf $\frac{1064}{6} \cdot 100 = 17730$ RM. belaufen. Daraus errechnet sich der Anlagewert des Kapitaldienstes je lfd. m Hauptrohr auf i. M. $\frac{17730}{7000} = 2,53$ RM.

Aus diesen Zahlen erhellt die völlige Unzulänglichkeit des Kapitaldienstes von RM. 8 je 1000 m³ Gasverkauf; es fehlt an jeder Reserve, welche Entschlüsse fassen läßt, wie wir sie in Abschnitt VII am Beispiel von 2000 lfd. m Neurohrverlegung schilderten. Und das bei 250 RM. durchschnittlicher Einnahme aus 1000 m³ Gasverkauf!

Nach den letzten Statistiken des DVGW u. a. m. beträgt die Zahl der Gasabnehmer des Beispielstädtchens I von Zahlentafel 18 rd. 70% der Einwohnerhaushalte. Diese Gaskäufer zahlen also eine Sondersteuer, welche zwar gemeinwirtschaftlichen Gegenwartsbedürfnissen zugute kommt, aber der Ausdehnung der Gasverteilungswirtschaft auf die übrigen 30% Einwohnerhaushalte und auf die Stadtrandbevölkerung im Wege steht. Die Rohrnetzwirtschaft leidet also Not, weil ihr die werkwirtschaftlich gebotenen Reserven für die Erneuerung und Wertberichtigung fehlen und damit die sehr wünschenswerte Gaspreisermäßigung in weite Ferne gerückt wird.

Die eben betrachteten Werte der Sp. I lassen sich z. B. auch für die Gasversorgung Sp. VI in Zahlentafel 18 errechnen:

$$\frac{79 \cdot 5 \cdot 32800}{1000} = \text{RM. } 12792,- \quad \text{und} \quad \frac{12792 \cdot 100}{6 \cdot 32800} = \text{RM. } 6,50!$$

Die beiden Kapitaldienstziffern der beiden Beispiele I und VI verhalten sich also

$$K_{zI} : K_{zVI} = 2,5 : 6,5 = 1 : 2,6.$$

Dagegen verhalten sich die Höchstleistungen der Gasversorgung (Stundengasabgabe)

$$Q_I : Q_{VI} = 70 : 1100 = \text{rd. } 1 : 16.$$

Daraus folgt das Verhältnis der Rohrstärken nach den Erörterungen in Kapitel 5 etwa nach der Beziehung:

$$\frac{D_I}{D_{VI}} = \sqrt[5]{\frac{Q_I^2}{Q_{VI}^2}} = \text{rd. } 1 : 3,$$

was einem Gewichts- und Kostenverhältnis von etwa 1:4 entspricht.

Dieses Ergebnis unserer Betrachtung widerspricht der modernen Forderung nach verbraucherorientierter Rohrnetzwirtschaft [I 3 (2) u. I 7 (8 b)].

V. Eine Übersicht über die Entwicklung unserer Rohrnetzkennziffern und des Gasverkaufs gibt uns die nachstehende Zahlentafel 19 mit einem Überblick der 40 jährigen Entwicklung ein und derselben Rohrnetzwirtschaft, d. i. von den Ergebnissen der Propaganda, des Kundendienstes usw., wie sie nicht nur dem Rohrnetzkonstrukteur, sondern auch dem Wirtschaftler als Schema für ähnliche Untersuchungen dienen können.

Zahlentafel 19.

Lfd. Nr.	Kennziffer für:	1893	1903	1910	1913	1925	1930
1	Gasverkauf im Jahr m³	36[1]	100	174	209	245	321
2	Länge des Hauptrohres in m . .	78	100	150	172	218	265
3	Einwohnerzahl des Versorgungsgebietes	84	100	126	135	142	151
4	Gasmesserstückzahl	18	100	272	335	408	475
5	Gasmesserflammenzahl	38	100	182	231	329	455
6	Flammenzahl je Gasmesser i. M. .	18	8,6	5,7	5,9	6,9	8,2
7	Einwohnerziffer je lfd. m Hauptrohr	215	196	165	152	127	111
8	Gasmesserstückzahl je 100 lfd. m Hauptrohr	2,9	12,2	22,2	23,6	22,8	21,8
9	Einwohnerzahl je Gasmesser . . .	72,1	16,6	7,4	6,4	5,5	5,1
10	Gasmesserflammenzahl je 100 lfd. m Hauptrohr	51	104	127	139	158	180
	Gasverkauf in m³/Jahr:						
11	je Einwohner	21	49	68	77	86	106
12	je Gasmesser	1541	796	507	496	477	538
13	je Gasmesserflamme	88	93	88	84	69	65
14	je lfd. m Hauptrohr	45	96	113	117	108	117

[1] Die Ziffern der Zeilen 1 bis 5 sind Verhältniszahlen zu 100, wobei die Kennziffern von 1903 = 100 gesetzt sind.

Das Jahr 1893 ist an den Anfangspunkt des statistischen Überblicks in Zahlentafel 19 gesetzt worden, weil[46] etwa mit diesem Jahr eine lange Zeit langsamer Entwicklung der deutschen Gaswirtschaft zu Ende geht[47]. Von hier ab macht sich die Einführung des Gasglühlichts bemerkbar. Der Gasverkauf erfährt einen starken Auftrieb, der auch noch durch eine aufsteigende und ab 1900 auf besonderer Höhe verlaufende allgemeine Wirtschaftskonjunktur begünstigt wird. Der große Kapitaldienst für die Mechanisierung der Gaswerke und der Wettbewerb mit der Verteilung elektrischer Energie schaffen ein ganz neues Interesse für die Selbstkostenberechnung der Gaserzeugung und damit eine neue Tarifgestaltung (Münzgasmesser!). Der Gasverkauf für Haushaltküchen

---

[46] Nach der Gas-St. des DVGW!
[47] Vgl. 2. Kap. A IV.

verläuft stark aufsteigend; es zeigen sich neue Ansätze des Gasverkaufs für Raumheizung und Gewerbefeuer. Damit kommt die Rohrnetzwirtschaft auf neue Grundlagen. Die Tagesgasabgabe steigt. Die Beleuchtungs-Höchstgasabgabe in der Stunde erfährt eine Minderung durch die vordringende elektrische Beleuchtung. Das Absatzgebiet der letzteren erweitert sich stark durch Überlandwerke. Gleichzeitig verdichtet sich die Wärmeabgabe in Gasrohrnetzen. Der Einfluß der wachsenden Bevölkerungsziffer in den Städten wird durch die Zunahme der Gasmesserflammenzahl je 100 lfd. m Hauptrohr weit überholt! (vgl. Zahlentafel 19, Zeile 3 und 10). In den zehn Jahren 1892/1903 sank z. B. die durchschnittliche Gasmesserflammenzahl in 14 der größten deutschen Gaswerke von 13,4 auf 9,5 Flammen, also auf 71% (nach der XV. und XXV. Gas-St. des DVGW); der Gasverkauf stieg bei diesen Werken in derselben Zeit um 50 bis 100%.

In Zahlentafel 19 sind besonders lehrreich folgende Vergleiche, die wir in Zahlentafel 20 zusammenstellen:

Zahlentafel 20.

Im Versorgungsgebiet Zahlentafel 19 veränderte sich in den Jahren:	$\dfrac{1903}{1893}$	$\dfrac{1913}{1903}$	$\dfrac{1930}{1913}$	$\dfrac{1930}{1893}$
1. die Einwohnerziffer je lfd. m Hauptrohr nach Zeile 2 Zahlentafel 19	$\dfrac{196}{215}=0,91$	$\dfrac{152}{196}=0,77$	$\dfrac{111}{130}=0,75$	$\dfrac{111}{215}=0,51$
2. die Hauptrohrlänge im Verhältnis nach Zeile 2 Zahlentafel 19	$\dfrac{100}{78}=1,28$	$\dfrac{172}{100}=1,73$	$\dfrac{265}{172}=1,54$	$\dfrac{265}{76}=3,40$
3. die Gasmesserflammenzahl je 100 lfd. m Hauptrohr nach Zeile 10 Zahlentafel 19 . .	$\dfrac{104}{51}=2,04$	$\dfrac{139}{104}=1,34$	$\dfrac{180}{139}=1,30$	$\dfrac{180}{51}=3,53$
4. der Jahresgasverkauf je Gasmesserflamme nach Zeile 13 Zahlentafel 19	$\dfrac{93}{88}=1,06$	$\dfrac{84}{93}=0,90$	$\dfrac{65}{84}=0,77$	$\dfrac{88}{88}=0,74$
5. das Produkt der Werte in Zeile 2, 3 u. 4 dieser Zahlentafel 20 entspricht dem Verhältnis der Jahresgasverkaufszahlen nach Zeile 1 der Zahlentafel 19	$\dfrac{100}{36}=2,8$	$\dfrac{209}{100}=2,09$	$\dfrac{321}{209}=1,53$	$\dfrac{321}{36}=8,90$

Daß damit keineswegs eine unwirtschaftliche Aufblähung des Gasverkaufs — wie sie zuweilen behauptet wurde — verbunden war, zeigen die Zeilen 11 und 14 der Zahlentafel 19.

Man beachte auch das Verhältnis der reziproken Werte der ersten und letzten Ziffer Zeile 8, Zahlentafel 19:

$$\frac{100}{2,9}:\frac{100}{21,8}=34,50:4,59=7,5:1!$$

oder in Worten:

Im Jahre 1893 hing an einer Gasmesseranlage gegen 1930 der 7,5 fache Aufwand für Verteilungsleitung (Baukapital) und wurde doch nur der 2,86 fache Gasverkauf je Gasmesser erzielt,

je Gasmesserflamme sogar nur das $\frac{88}{65} = 1,35$ fache,

je lfd. m Hauptrohr der $\frac{117}{45} = 2,6$ te Teil.

Die wirtschaftlichen Resultate (Überschüsse) der Jahre 1893 und 1930 unserer Gasversorgung, welche wir in Abschnitt V mit Zahlentafel 2 betrachteten, verhielten sich je lfd. m Rohrnetz berechnet wie 317:380. Daneben wurde die öffentliche Beleuchtung des Versorgungsgebietes kostenlos geleistet. Diese öffentliche Beleuchtung ist in den Jahren 1893 bis 1930 der Flammenzahl nach im Verhältnis 1:3 und nach den Kosten wie 1:3,3 gewachsen.

VI. Die Entwicklung unserer Gasversorgung nach Zahlentafel 20 läßt die enge Verflechtung erkennen, in der die Versorgungswirtschaft unseres Gasrohrnetzes mit der gesamten Volkswirtschaft steht und das Auf und Nieder der Stadtgemeindewirtschaft widerspiegelt.

Aus der Industrie der Kohleverwertung (Kohleveredelung), des Gaswerksbaues und der Gasgerätetechnik kommen in diesen Jahrzehnten unserer Statistik Anregungen und Erfindungen in die Betriebe der öffentlichen Gasverteilung und in die Haushalte der Gasverbraucher. Hier wird von den Beauftragten der Gemeinwirtschaft stille Arbeit geleistet, welche ein reiches, gewissenhaft durchgeprüftes Material der Beobachtung, neue Folgerungen und Vorschläge in die privatwirtschaftlich gerichteten Industrien zurückgibt. In den Laboratorien und an den Konstruktionstischen beider großen Arbeitsfelder wachsen die Kräfte und Säfte zu immer neuen Zweigen unseres Baumes der Kohleentgasung, -vergasung und der Veredlung von deren Nebenerzeugnissen.

Und dennoch — oder deshalb? — hat es nie an Angriffen gefehlt, welche der gemeinwirtschaftlichen Gasverteilung den Vorwurf machten, sie hätte an der Erfüllung ihrer Aufgaben Erhebliches fehlen lassen. Vielfach trugen dazu jene Verbindungen bei, welche in früheren Jahrzehnten unmittelbar zwischen deutschen Gasgesellschaften und englischen Gesellschaften bestanden. Man hatte sich daran gewöhnt, die hohen englischen Gasabgabeziffern je Kopf der Bevölkerung Englands allein schon als Beweis dafür anzusehen, daß die Privatwirtschaft rührigere Propaganda für die Gasverteilung betreibe als die kommunale Gasverteilung. Noch neuerdings beruft sich eine Veröffentlichung zu diesem Vorwurf auf eine englische Arbeit [I 6 (1 b) u. I 13 (2)]. Hier ist nicht der Raum, darauf näher einzugehen, welche Abhängigkeiten bei diesem Vergleich zwischen deutscher und englischer Gaswirtschaft außer acht gelassen sind. Nur auf dreierlei sei — aus der Betrachtung deutscher Gasverteilungswirtschaft — hier hingewiesen:

Einmal ist der erhebliche Altersunterschied der Kohlewirtschaften beider Länder zu beachten, die große Verschiedenheit des Kapitalmarktes für Kohlewerte dort und hier und nicht zuletzt, nicht am wenigsten, die so weit verschiedenen Grundlagen der Lebenshaltung; dort ein kleines Inselreich im Mittelpunkt einer reichen Welt-(Übersee-)Wirtschaft — hier die eng begrenzten Möglichkeiten kontinentaler Nationalwirtschaft! Jedenfalls steht fest, daß auf der einwandfreien Vergleichsgrundlage der deutschen Gasstatistik des DVGW das Urteil einer angeblichen Minderwertigkeit der kommunalen Gasverteilung keine Stütze findet. Wir entnehmen den Statistiken folgende

Zahlentafel 21.

$\dfrac{G_v}{E}$ = Gasverkauf je Kopf der Bevölkerung des Versorgungsgebietes,

$\dfrac{G_v}{G_m}$ = Gasverkauf je angeschlossenem Gasmesser.

Wirtschafts-jahr		Gasgesellschaft		kommunale Gaswerke	
		A	B	C	D
1893	$G_v/E =$	25	—[1]	21	48
	G_v/G_m	1222	—[1]	1541	1319
1903	G_v/E	—[1]	29	49	88
	G_v/G_m	—[1]	578	796	943
1913	G_v/E	59	31	77	124
	G_v/G_m	621	240	496	600
1929	G_v/E	—[1]	56	94,5	129
	G_v/G_m	—[1]	350	500	405

[1] Die Angaben fehlen in der Statistik des DVGW.

Nach unseren Betrachtungen in Kapitel 4 spricht diese Zahlentafel für sich.

Eine gewisse formale Berechtigung zu den für die Gemeindewirtschaft abfälligen Urteilen liegt allein darin, daß der Zinsendienst des privatwirtschaftlichen Anlagekapitals Ertrag bedeutet, bei der öffentlich-rechtlichen Betriebsweise Aufwand.

VII. Wir betrachteten in Abschnitt II bis V den erheblichen Einfluß der Verdichtung des Gasverkaufs je 100 lfd. m Hauptrohr auf die Wirtschaft der Gasverteilung. Es bleibt uns noch die Untersuchung, wo die Grenzen der Wirtschaftlichkeit dieser gebotenen Verdichtung nach der durch das Wachstum der Bevölkerung und ihres Wohngebietes gegebenen natürlichen Ausdehnung der Gasversorgung liegen. Auch hier suchen wir die grundsätzliche Haltung aus der Behandlung eines Sonderfalles zu gewinnen:

Ein Rohrnetz bucht für RM. 355000 Restanlagewert RM. 10,87 Kapitaldienst je 1000 m³ Gasverkauf.

Abseits vom Rande dieses Rohrnetzes entsteht eine kleine Siedlung von zunächst drei Grundstücken mit je vier Familien von im Mittel je 5 Köpfen. Diese Siedlung beantragt Gasanschluß. Ihr Versorgungsmittelpunkt liegt rd. 2000 m von der letzten Verteilungsleitung des alten Rohrnetzes entfernt, wo dieses noch einen derartigen Verbrauch von 4800 m³/Jahr mit rd. 6,5 m³ je Stunde abgeben kann.

Nach Gleichung (10) Kapitel 5 oder nach Brinkhaus a. a. O. Gleichung (6) bestimmt diese Belastung den Rohrdurchmesser. Angenommen, daß daraus sich ein Anlagekapital von rd. RM. 20000 mit rd. RM. 2000 Kapitaldienst errechnet, so kostet letzterer $\dfrac{2000}{4,8} =$ RM 420,— je 1000 m³ Gasverkauf im Jahr. Diese Belastung wird nun häufig ins Verhältnis zum Gaspreis gesetzt — sagen wir hier RM. 220 je 1000 m³. Dann kommt man natürlich aus der Beziehung 420:220 leicht zur Ablehnung der Gaslieferung für die genannte Siedlung.

Eine andere Überlegung sagt sich, daß der neu hinzukommende Kapitaldienst von RM. 2000 — entsprechend dem durchschnittlichen Kapitaldienst von RM. 10,87 — nur von $\dfrac{2000}{10,87} \cdot 1000 = 184000$ m³ Gasverkauf getragen werden könnte. Das würde einer Haushaltsgasabgabe von $\dfrac{184000}{365} = 504$ m³ je Tag entsprechen.

Wie liegen nun die Verhältnisse tatsächlich? Dazu prüfen wir die Verschiedenheiten, welche hinter dem Durchschnittswert RM. 10,87 je 1000 m³ Gasverkauf an Kapitaldienst stehen. Da finden wir z. B. eine Straße von 600 m Länge mit 108 Gasmesserflammen und 52 m³ Jahresgasverbrauch je Gasmesserflamme.

Also kostet der Kapitaldienst anteilig (für die ganze Straße):

$$\frac{108 \cdot 52}{1000} \cdot 10,87 = \text{RM. } 61,05.$$

Dieser Wert liegt unter dem tatsächlichen Kapitaldienst für unsere Straßenrohrleitung, welcher RM. 80 je 100 lfd. m erfordert. Da aber die Straße für absehbare Zeit nur zu einem Drittel bebaut bleibt, so ist der anteilige Kapitaldienst tatsächlich, vom Gasverkauf nach dem Durchschnitt des ganzen Rohrnetzes gesehen, $\dfrac{61,05}{0,33} =$ RM. 183 oder nach dem Anlagewert der Straße allein $\dfrac{80}{0,33} =$ RM. 240; dagegen beträgt die Einnahme aus Gasverkauf je 100 lfd. m bebauter Rohrstrecke:

$$\frac{108 \cdot 52 \cdot 0,22 \cdot 100}{600} = \text{RM. } 206.$$

Hier zeigt sich die Verbundenheit aller Verbraucher eines solchen Versorgungsgebietes, eine typische Versicherung auf Gegenseitigkeit. Daher können wir auch die Wirtschaftlichkeit einer neuen Rohrstrecke nur im Rahmen der »ganzen« Rohrnetzwirtschaft beurteilen. Zu diesem Zweck betrachten wir unsere Neuanlage (2000 lfd. m Rohr)

I. nach dem Tatbestand zur Zeit des ersten Antrages auf Gaslieferung,

II. nach der Ausbaufähigkeit der Rohrstrecke; sie soll hier nach den Kennziffern der Straße 9 in Zahlentafel 3 Kapitel 4 angenommen werden;

III. nach der Ausbaufähigkeit des Gasverbrauchs im Sinne der Straße 10 a. a. O. und

IV. mit einer Ausbaufähigkeit im Sinne der Straße 13 a. a. O.

Dann ist der Kapitaldienst des ganzen Rohrnetzes zuzüglich RM. 2000 für die beantragte neue Rohrstrecke 35500 + 2000 = RM. 37500 und verteilt sich je nach unsern vier Annahmen der Betrachtung der Gasverkaufswirtschaftlichkeit folgendermaßen:

I	II	III	IV
$3 \cdot 4 \cdot 400$	$\dfrac{2000}{100} \cdot 670 \cdot 46$	$\dfrac{2000}{100} \cdot 130 \cdot 75$	$\dfrac{2000}{100} \cdot 323 \cdot 62$
$= 4800 \text{ m}^3$	$= 616400 \text{ m}^3$	$= 195000 \text{ m}^3$	$= 400520 \text{ m}^3$

dazu der bisherige Gasverkauf von:

3266000 m^3	3266000 m^3	3266000 m^3	3266000 m^3
3270800 m^3	3882400 m^3	3461000 m^3	3666520 m^3

Verteilt man den Kapitaldienst von RM. 37500 auf je 1000 m³ dieser vier Beispiele, so gibt das

$$11,46 \qquad 9,66 \qquad 10,83 \qquad 10,23 \text{ RM.}$$

Die vorläufige Mehrbelastung der Rohrnetzwirtschaft beträgt also nach Anschluß von 2000 lfd. m Rohr in der Tat

$$\frac{3270000}{1000} (11,46 - 10,87) = 1929,77 \text{ RM.}$$

gegenüber einer Bruttoeinnahme von 4800 · 0,22 = 1056 RM. Dazu ist noch der Einfluß einer solchen Neuanlage auf die Betriebskosten — auch unter Berücksichtigung der voraussichtlichen Dauer der weiteren Entwicklung der Besiedlung unserer neuen Rohrstrecke — abzuschätzen.

So kommt die Unternehmung unserer Gasverteilung zu einer gerechten Entscheidung, welche abnehmerorientiert [I 3 (2) u. I 7 (4 b)] ist und auch die gemeinwirtschaftlichen Belange wahrt. Die Gasverteilung ist dabei ja heute in der vorteilhaften Lage, die etwaige Wartezeit zwischen dem ersten Anschlußbegehren und der Rohrverlegung durch Flaschengaslieferung [I 7 (8 i)] zu überbrücken.

VIII. Haben wir in Abschnitt IV die beobachtete Unzulänglichkeit des Kapitaldienstes der Rohrnetzwirtschaft behandelt, so folgt aus dem auch die Pflicht, den Kapitaldienst so niedrig zu halten, wie das die heutige Rohrnetztechnik gestattet. Mit Recht hat man in aller Öffentlichkeit, z. B. gelegentlich der DVGW-Tagung 1932 in Essen, rückschauend die Krisenfestigkeit der deutschen Energiewirtschaft hervorgehoben [I 4 (1)]. Ohne auf weiteres hier einzugehen, darf man diesen Erfolg auch darauf zurückführen, daß die Wirtschaftshaltung früherer Jahrzehnte bei der Energieversorgung Reserven schuf und damit die umgekehrte Einstellung gegenüber Gegenwart und Zukunft betätigte, wie sie in Abschnitt IV festgestellt wurde. Zur Vermeidung von Kapital-Fehlleitungen gedachten wir schon am Schlusse von Abschnitt VII des Flaschengasbetriebes. Weitere Möglichkeiten haben wir in Kapitel 3 und Kapitel 6 B gezeigt. Es sind das:

1. Rohrnetzbetrieb mit Anwendung von Gebläsedruck (bis 500 mm WS),
2. Unterteilung des Niederdruckrohrnetzes in Bezirke, welche ihre Verbraucher aus den vorhandenen Niederdruckleitungen, aber von neuen Speisepunkten her beliefern; letztere werden von einer Hochdruckspeiseleitung versorgt, welche von der alten Niederdruckverteilungsstelle (Gaswerk oder Gasbehälterstation) mit kleinem Rohrquerschnitt herangeführt wird.

Eine solche Hochdruckspeiseleitung kann quer durch das alte Versorgungsgebiet hindurchgehen oder das letztere ringförmig umfassen. Welchen Weg man wählt, wird von mancherlei örtlichen Bedingungen abhängen. Für den alten Kern eng gebauter alter Städte wird meist die Ringleitung den Vorzug haben. Dadurch hält man die Fahrstraßen, welche aus der inneren Stadt in die Außenbezirke führen, von Gasleitungen frei. Die Bürger-(Geh-)Steige bleiben den Gasniederdruckleitungen und Anlagen anderer Versorgungsbetriebe vorbehalten! In Anlehnung an unsere Beispiele in Kapitel 4 (Abb. 12, 15 und 22) geben wir hierzu (Kapitel 6 D) eine neue Abbildung.

Für das Folgende gehen wir von der Annahme aus, daß die Druckbilder, welche wir in Kapitel 4, Abschnitt B II, als Beispiele anführten, in dem Rohrnetz unserer Abb. 50, aufgenommen wurden. Wir setzen die höchste stündliche Abgabe unseres ganzen Verteilungsnetzes

$$Q_{mx} = Q_{\mathrm{I}} + Q_{\mathrm{II}} + Q_{\mathrm{III}}.$$

Die drei Summanden bedeuten die Gasabgabe, welche durch die Niederdruck-Stadtdruckregler R_{I}, R_{II} und R_{III} kontrolliert wird. Es sei nun

$$Q_{\mathrm{I}} = 3000 \text{ m}^3$$
$$Q_{\mathrm{II}} = 2000 \text{ m}^3$$
$$Q_{\mathrm{III}} = \underline{5000 \text{ m}^3}$$
$$Q_{mx} = 10000 \text{ m}^3.$$

Die Entwicklung, deren Endzustand in Kapitel 4, Abschnitt B II und Abschnitt C II geschildert wurde, übertragen wir auch auf unser

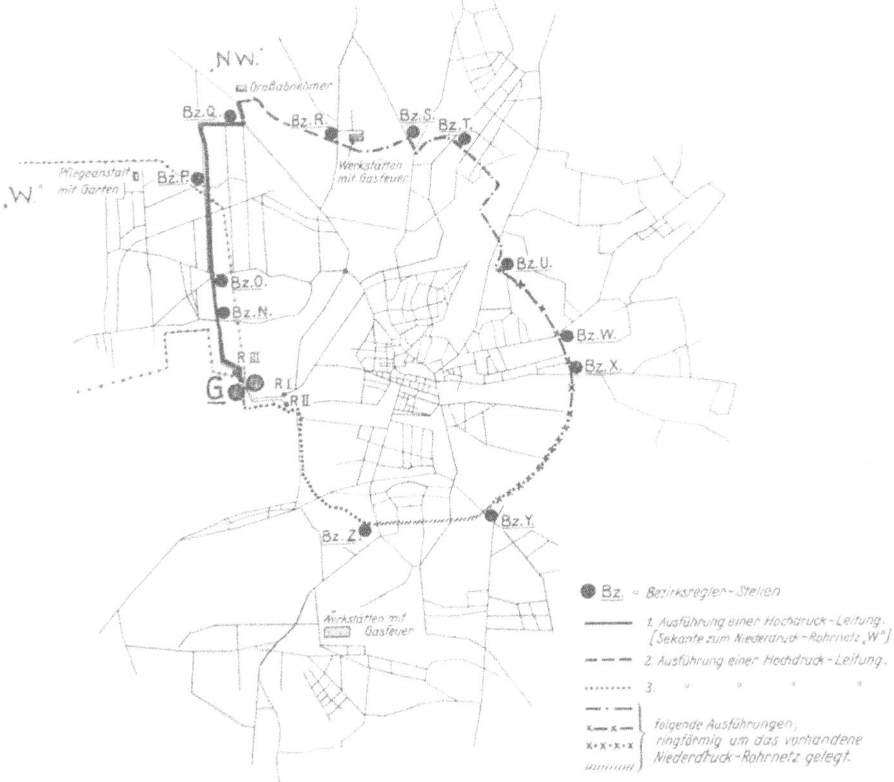

Abb. 50. Rohrnetzplan (Beispiel) für Kap. 6 D VIII.

Beispiel. Die Leistung Q_{III} kommt danach nur dadurch zustande, daß bei R_{III} der volle Druck eines dreihübigen Gasbehälters, mit nur 30 bis 50 mm Reglerdifferenz, auf das Niederdruckrohrnetz gegeben wird. Infolgedessen bleibt zur Zeit der höchsten stündlichen Gasabgabe nur ein Drittel des Gasbehälterraumes verfügbar.

Diesem Mangel könnte man durch Anwendung von Gebläsedruck abhelfen; dann bliebe aber der Übelstand großer Ungleichförmigkeit des Vordrucks an den Verbrauchergasmessern. Daher erfordert diese

Lösung einmal die Beschaffung von Druckreglern an den Gasmessern und die Verlegung neuer Druckausgleichsleitungen. Und trotzdem müßte man noch den Mangel in Kauf nehmen, daß die Druckgebung derjenigen Freizügigkeit entbehrt, welche besonders die Gewerbefeuer, aber auch gewisse Gruppen von Kleinverbrauchern, unter Veränderungen des Gefüges ihrer Wirtschaft in Anspruch nehmen. Schließlich bliebe die ganze Mehrleistung auf das Maß:

$$\sqrt{\frac{500}{230}} = \sqrt{2,17} = 1,47 \text{ fache}$$

beschränkt! Wenn es also nicht besondere örtliche Bedingungen verlangen, wird man unsere Aufgabe so lösen, daß man

1. die Gebiete R_{I}, R_{II} und R_{III} unterteilt und in jedem Gebiet die Druckgebung in den einzelnen Bezirken ordnet,
2. den Bezirks- und/oder Revierreglern durch Hochdruckleitung den erforderlichen Druck zuführt,
3. entsprechend der Durchführung der Einrichtungen zu 1. und 2. die Verbrauchergasmesser mit Druckreglern ausstattet.

In unserer Abbildung ist die Hochdruckleitung teils als Sekante, teils ringförmig zu den Regelungsbezirken angeordnet. In unserem Beispiel ist angenommen, daß die Hochdruckversorgung je nach Entwicklung des Gasverkaufs in einzelnen Etappen ausgeführt wird. Das Endergebnis der Gasverteilungsleistung kommt dann, bei nur 3 atü Betriebsdruck der Hochdruckspeiseleitung, auf etwa

$$Q_{mx} = (Q_{\mathrm{I}} + Q_{\mathrm{II}}) \cdot \sqrt{\frac{160}{100}} + 17\,000$$

$$= 5\,000 \cdot 1,265 + 17\,000 = \text{rd. } 23\,000 \text{ m}^3,$$

d. i. das 2,3fache des Anfangszustandes!

Die Betriebskosten betragen für die erste Etappe einschl. 10% Kapitaldienst zunächst 0,306 Rpf./m³, später 0,249 Rpf./m³ der Gasförderung durch die Hochdruckspeiseleitung, gegen 0,648 Rpf./m³, später 0,459 Rpf./m³ der Förderung mittels neuer Rohrleitungen, Niederdruckversorgung und bei zentraler Druckgebung.

IX. In Abschnitt VIII behandelten wir die Rohrnetzwirtschaft unter dem Einfluß der Anwendung von Hochdruck. Für den Konstrukteur von Rohrnetzerweiterungen bleiben daneben noch die bekannten Möglichkeiten, durch Umgruppierung der Rohrnetzquerschnitte das alte Rohrnetz leistungsfähiger zu machen. Im übrigen kann zu dieser Frage des wirtschaftlichsten Rohrdurchmessers für Niederdruck- und/oder Hochdruck auf die Ausführungen in Kapitel 5 und die bekannten Arbeiten von Biegeleisen, Biel [II 18, 19, 21, 44], Brinkhaus, Starke u. a. m.

verwiesen werden. Die Methoden der Rohrnetzerweiterung oder der Erhöhung seiner Verteilungsleistung, wie sie in Abbildung Kapitel 6 C dargestellt ist, ist für die verschiedensten Zukunftsaufgaben verwendbar.

Wanderungen der höchsten stündlichen Verteilungsleistung [vgl. 4 Kap. A I u. B II] — z. B. infolge wirtschaftlicher Verlagerung von Großgasfeuern oder des Verbrauchs einzelner Verbrauchergruppen — kann hier die Druckgebung jederzeit nachfolgen, ohne ein Rohrnetzgebiet durch unnötige Drucksteigerung zu belästigen. Auch etwaigen Wandlungen des spezifischen Gewichts der Gasabgabe kann nach Belieben Rechnung getragen werden.

Wegen der Druckgebung für Fernzünder an den Gaslaternen wird auf [3. Kap. C u. 6. Kap. C] verwiesen. Ebenso für die Fernmeldung der Druckschreiber.

Von starkem Einfluß auf die Rohrnetzwirtschaft ist natürlich auch die Tarifgebarung des Gasverteilungsunternehmens. Es wurde darauf schon bei Kapitel 6 C, Abschnitt III und IV (Besteuerung des Gasverkaufs!) hingewiesen.

Indessen spielen in diese Fragen so viel Zahlen der Gaserzeugung usw. hinein, daß diese Erörterung über den Rahmen einer Behandlung moderner Rohrnetzwirtschaft hinausgehen würde. Die Grundlage dafür bleibt der allgemeine Aufbau des Gaspreises, wie er in zahlreichen Veröffentlichungen des DVGW [I 7 (1 a) (2 a) (4) (5 a) (7 b)] behandelt worden ist.

Zusammenfassung.

1. »Gasverteilung« ist heute nicht mehr Selbstzweck von Gaswerken einzelner Städte oder von Verbänden kleiner Landgemeinden.

Die Gasversorgung der Feuerstellen in Wohnsiedlungen, gewerblichen Unternehmungen und der Industrie in Stadt und Land arbeitet mit »genormtem« Gas

aus Gaswerken, welche in kleinen Retortenöfen Gaskohle und/oder in Großraumöfen Gas- und Kokskohle verarbeiten, aber auch mit Gas aus der Vergasung (Oxydation), Hydrierung usw.

»Gas« ist sowohl

Enderzeugnis aus dem »Rohstoff« Kohle als auch

Nebenerzeugnis bei der Gewinnung von Koks, Stickstofferzeugnissen u. a. m., auch

Abfallstoff (Restergebnis) bei der Erzeugung von Ölen u. a. m. aus Gasgemischen der Ent- und Vergasung von Kohle, Koks, Braunkohle usw. [I 4 (3 c)].

2. »Neuzeitliche Gasverteilung« verläuft nicht mehr ausschließlich unter dem Druck (Gewicht) nasser oder trockener Gasbehälter. Sie bedient sich auch der Druckgebung durch Gebläse oder Gasverdichter (Kompressoren) für Mittel- und Hochdruck, der Expansion aus Hochdruckbehältern in Gaswerken oder Kokereien, aber auch aus Gaserzeugern (Generatoren) für Vergasung unter Hochdruck, mittels Luft oder Sauerstoffs [I 7 (7 c)].

3. »Gasverteilung« ist mit den Lebensgewohnheiten der Bevölkerung und dem Schicksal (Konjunktur) der Wirtschaft so sehr verflochten, daß ihre Aufgabe beständigem Wandel unterworfen ist[48]).

Für Konstruktion neuer Gasrohrnetze und für Erweiterungsbauten gilt daher der wirtschaftlichste Rohrquerschnitt nicht mehr als einmalig zu bestimmende Größe[48]); vielmehr muß die Möglichkeit geschaffen werden, daß Rohrweite, Druck und Gasbeschaffenheit

a) dauernd eine verbraucherorientierte Verteilungswirtschaft mit bestem Wirkungsgrad gewährleisten und daß

b) die Belastung der Straßenprofile mit Leitungsquerschnitten aus Gründen der öffentlichen Wirtschaft, der Betriebs- und Verkehrssicherheit weitestgehend eingeschränkt wird.

Wirkungsgrad ist dabei nicht nur werkwirtschaftlich und/oder privat- (im Sinne der Verbraucher) wirtschaftlich zu beurteilen, sondern beide Belange müssen mit dem nationalwirtschaftlichen Wirkungsgrad der Kohlewirtschaft zu einer einheitlichen Funktion verschmelzen.

4. Die »Gasverteilung« muß trotz aller Eigenart der Verbrauchsgeräte und trotz mannigfaltiger Wandlung der Arbeitsbedingungen bei den Gasverbrauchern mit allen neuzeitlichen Energieformen darin wetteifern, daß eine selbsttätige, feinfühlige Regelung des Energiestromes in der Zeiteinheit gewährleistet wird, welche sich der Brennwärme und den Zündeigenschaften bestens anpaßt.

Schlußwort.

Die vorstehenden sechs Kapitel wollten den Leser in die Gedankengänge »neuzeitlicher« Gasverteilung einführen.

Darin liegt teils etwas von Gegenwirkung auf Gewesenes, teils der Antrieb für Zukünftiges.

Daher wurde unsere Arbeit ein Gang durch vier Jahrzehnte der Entwicklung zur heutigen »Gasverteilung«. Wir durften uns nicht zu sehr in die vielgestaltigen Einzelheiten der Nutzanwendung verlieren. Wich-

---

[48]) Vgl. II 19 (3) u. 4. Kap. dieses Buches zu A I u. C I.

tiger war uns, die Richtung, den Sinn des Heutigen aufzuzeigen. Das
Grundsätzliche mußte im Vordergrund stehen.

Die Vorherrschaft des Bunsenbrenners im Gasglühlicht, im gewerblichen und industriellen Gasfeuer — der Flüssigkeitsmotor — die Elektrotechnik auf ihrem ureigenen Arbeitsfeld — alles das stellte die Propaganda der Gasverteilung auf eine völlig neue Plattform. Und heute
schafft die Kupplung von Entgasung mit Vergasung, von Kohlechemie
mit Restgasverwertung, von Gas und Dampf mit Elektrotechnik einen
gewaltigen Strom von Energieversorgung in Stadt und Land, dessen
zukünftige Verbreitung heute noch im ganzen Ausmaß nur schwer vor-
stellbar ist.

Aus der engen Kinderstube kleiner Gas-»Anstalten« wurde der
Gasfachmann in diesen Aufgabenkreis hineingestellt, um Hand in Hand
mit der Elektrotechnik daran mitzuwirken, das Knäuel ungesunder Bevölkerungsdichte von Industriezentren zu neuem Leben in gesunder
Mischung von Stadt und Land zu entwirren.

Wirtschaft ist nichts weiter als »gelenkte« Arbeit!

Das ist aber nicht nur die Arbeit von heute!

Gegenwartsarbeit steht auf dem Unterbau und den Fundamenten,
welche Wissenschaft, Technik und Wirtschaft der Vergangenheit gelegt
haben! So sind neue Ausdrucksformen in Technik und Wirtschaft wie
Schifflein im Strom der Zeit, an deren Ladung schließlich nichts blei-
bend ist als der Wechsel und Veränderung! Die Arbeiten eines Franz
Fischer, Haber-Bosch und aller derer bis zurück zu Friedrich Siemens,
Aug. Wilh. Hofmann, Lampadius, Clegg und Murdoch sind eine Kette,
deren Anfänge in die einsamsten Forscherzellen frühen Mittelalters und
klassischen Altertums zurückreichen.

Das alles zu würdigen, mag einer späteren Geschichte der Kohlewirtschaft überlassen bleiben.

Unsere sechs Kapitel mögen dazu helfen, die Widerstände auszu-
räumen, welche je und dann dem Besseren, dem Notwendigeren, den
Platz vor dem vergangenen Guten streitig machen wollen! Was auch
immer im Strom der Zeiten überholt werden möge, hinterlasse die Spuren
der Erkenntnis:

> Jedes Leben sei zu führen,
> Wenn man sich nicht selbst vermißt;
> Alles könne man verlieren,
> Wenn man bliebe, was man ist.

(Goethe.)[49]

---

[49]) West-Östl. Divan »Suleika«.

Literaturverzeichnis.

I. Aufsätze aus Zeitungen und Zeitschriften.

1 Die Brennstoff-Chemie		Jhg. 10 (1929)	Heft 12	Seite 233	
2 Die Chemische Fabrik		» 7 (1934)	» 37/38	» 331	
3 Deliwa, Deutsche Licht- und Wasserfach-Zeitung	(1 a)	V.-J. 26 (1932)	» 10	» 197	
	(1 b)	» 26 »	» 15	» 301	
	(2)	» 28 (1934)	» 23	» 466	
4 Deutsche Bergwerks- zeitung	(1)	Jhg. 34 (1932)	Nr. 125	»	31. V. 1932
	(2 a)	» 35 (1934)	» 269	» 1	17. XI. 1934
	(2 b)	» 35 »	» 269	» 3	
	(2 c)	» 35 »	» 270	» 13	18. XI. 1934
	(2 d)	» 35 »	» 275	» 1	25. XI. 1934
			» 275	» 2	
	(3 a)	» 36 (1935)	» 22	» 1	26. I. 1935
			» 23	» 9	27. I. 1935
	(3 b)	» 36 »	» 65	» 2	17. III. 1935
5 Frankfurter Zeitung. Sozietäts-Verlag	(3 c)	» 36 »	» 71	» 10	24. III. 1935
Beibl. »Die Leistung«	(1)	» 79 (1934)	Nr. 40	» 6	
»Die Wirtschaftskurve«	(2)	» 13 (34/35)	Heft 4	» 374	
6 »Gas«, Ztschr. f. d. Gas- verbrauch	(1 a)	» 6 (1934)	» 9	» 248	
	(1 b)	» 6 »	» 11	» 315	
	(2)	» 7 (1935)	» 1	» 1	
7 GWF, Das Gas- und Wasserfach	(1 a)	» 68 (1925)	» 5	» 65	
	(1 b)	» 68 »	» 12	» 177	
	(1 c)	» 68 »	» 18	» 285	
	(1 d)	» 68 »	» 43	» 675	
	(1 e)	» 68 »	» 43	» 677	
	(2 a)	» 69 (1926)	» 7	» 129	
	(2 b)	» 69 »	» 9	» 170	
	(2 c)	» 69 »	» 13	» 265	
	(2 d)	» 69 »	» 38	» 801	
	(2 e)	» 69 »	» 38	» 819	
	(2 f)	» 69 »	» 40	» 862	
	(3 a)	» 71 (1928)	» 32	» 773	
	(3 b)	» 71 »	» 34	» 821	
	(4 a)	» 73 (1930)	» 42	» 999	
	(4 b)	» 73 »	» 45	» 1079	
	(5 a)	» 74 (1931)	» 16	» 370	
			» 17	» 393	
	(5 b)	» 74 »	» 19	» 427	

7	GWF, Das Gas- und Wasserfach	(5 c)	Jhg. 74 (1931)	Heft 19	Seite 428
		(5 d)	» 74 »	» 32	» 758
		(5 e)	» 74 »	» 36	» 829
		(5 f)	» 74 »	» 37	» 857
		(5 g)	» 74 »	» 41	» 941
		(5 h)	» 74 »	» 43	» 983
		(6 a)	» 75 (1932)	» 1	» 12
		(6 b)	» 75 »	» 32	» 650
		(6 c)	» 75 »	» 42	» 839
		(7 a)	» 76 (1933)	» 10	» 153
		(7 b)	» 76 »	» 23	» 472
				» 24	» 490
		(7 c)	» 76 »	» 28	» 541
		(7 d)	» 76 »	» 38	» 712
		(8 a)	» 77 (1934)	» 5	» 111
		(8 b)	» 77 »	» 11	» 161
		(8 c)	» 77 »	» 31	» 521
		(8 d)	» 77 »	» 32	» 537
		(8 e)	» 77 »	» 35	» 587
		(8 f)	» 77 »	» 37	» 658
		(8 g)	» 77 »	» 46	» 803
		(8 h)	» 77 »	» 47	» 805
		(8 i)	» 77 »	» 51	» 877
		(9 a)	» 78 (1935)	» 3	» 39
		(9 b)	» 78 »	» 5	» 86
8	Journal für Gasbel. (Schilling's)	(1 a)	» 41 (1898)	» 11	» 188
		(1 b)	» 41 »	» 23	» 378
		(1 c)	» 41 »	» 52	» 841
		(2 a)	» 53 (1910)	» 23	» 529 [vgl. 9]
		(2 b)	» 53 »	» 27	Seite 647
		(3)	» 56 (1913)	» 47	» 1150
9	Journal of Gas Lighting		» .. (1910)	» ..	» 357
10	Techn. Gemeindeblatt	(1 a)	» 9 (1905)	» 7	» 353
		(1 b)	» 9 »	» 8	» 24
11	Techn. Monatsblätter für Gas- verwendung		zehn Jahrgänge		
12	VDI-Zeitschrift		Jhg. 39 (1895)	» 35	
13	Wasser und Gas	(1 a)	» 22 (1932)	» 16/17	Sp. 665
		(1 b)	» 23 »	» 3/4	» 88
		(2)	» 23 (1933)	» 17/18	» 451
14	Wirtschaftsdienst Hamburg		» 14 (1929)	» 38	» 1633

II. Bücher.

15 Ausschuß für wirtschaftliche Fertigung.
1925. Vgl. II, 27.

16 Berliner Städtische Gaswerke A.G. (Festschrift)
bei Max Schröder, Berlin-Halensee 1926.

17 Bertelsmann-Schuster: Technische Behandlung gasförmiger Stoffe,
(1) Berlin, 1930, S. 370.
(2) Dieselben, VDI-Fortschrittsberichte, Berlin 1934.
(3) Dieselben in:
Ullmann's Enzyklopädie der techn. Chemie. . . . 2. Auflg.

18 Biegeleisen, B.:
          Grundlagen zur Berechnung von Gasrohrleitungen,
          München und Berlin, 1918.
19 Biel, R.:
          (1)   Forschungsarbeiten Heft 44, VDI-Verlag, Berlin 1907.
          (2)   Ders.: Über den Druckhöhenverlust bei der Fortleitung usw.
                 Mitteilungen über Forschungsarbeiten,
                 Heft 131, Berlin 1913.
          (3)   Ders.: Die wirtschaftlich günstigsten Rohrweiten,
                 München 1930.
20 Brabbée: Rohrnetzberechnung in der Heiz- und Lüftungstechnik,
          Berlin 1916.
21 Brinkhaus: Das Städtische Gasrohrnetz,
          München und Berlin 1913,
          S. 1 u. 55, S. 56 u. 65, S. 139, Abb. 52 ff.
22 Bunte: »Zum Gaskursus«
          1929, als Handschrift gedruckt.
23 Daitz, Werner: Deutscher Wirtschafts-Neubau,
          Vedag-Jahrb. 1934,
          Berlin.
24 DVGW — TVR (1934).
25 Fried, Ferdinand: Das Ende des Kapitalismus,
          Eugen Diedrichs-Verlag, Jena 1931.
26 Fritzsche, O.: Forschungsarbeiten, Berlin 1907, Heft 60.
27 Gasschmelz-Schweißung,
          Ausschuß für wirtschaftliche Fertigung usw.,
          Beuth-Verlag G. m. b. H., Berlin 1925. (Vgl. II, 15.)
28 Gas-Statistik des DVGW 1893, 1903, 1908, 1913, 1919, 1929, 1932.
29 Häusliche Gasfeuerstätten usw. für Niederdruckgas,
          DVGW 1931. DVGW—HGFN (Vgl. II, 24.)
30 Handbuch der Brennstoff-Technik,
          Heinrich Koppers A.G., Essen 1928.
31 Handbuch der Gastechnik Bd. VI u. X, München und Berlin 1917.
32 »Hütte«, des Ingenieurs Taschenbuch, 1927, Bd. IV, S. 709.
33 Handbuch (N. S. Schilling's) für Steinkohlen-Gasbeleuchtung, München 1866.
34 Hempelmann, v.:
          Anlage und Berechnung von Gas-Fernleitungen,
          Berlin 1913.
35 Kaßler: Versuche (1927) für »Der Gasverbrauch G. m. b. H.« und Gasbetriebs-
          gesellschaft Berlin zur Nachprüfung der Pole'schen Formel, bei:
          Rasche, R.: Lehrbuch für Installateure und Techniker des Gasfachs,
                 Magdeburg 1928,
          Abb. 60 bis 65 und Zahlentafel 1 und 2, S. 176 bis 181.
          Ebenda 1930, S. 181 bis 183.
36 Mannesmannröhren-Werke Düsseldorf:
          Das Rohr im Dienst von Gas und Wasser, Ausgabe 1933.
37 Muhlert-Drews: Technische Gase, Leipzig 1928. S. 379.
38 Niemann, Moritz:
          Die Versorgung der Städte mit Leuchtgas, Stuttgart 1904.

39 Rasche, R.: Lehrbuch usw. (Vgl. II, 35).

40 Ritter, R.: 25 Jahre Wirtschaftliche Vereinigung Deutscher Gaswerke A.G.,
       Berlin 1929.

41 Ruhrkohlen-Handbuch, hrsg. vom
       Rheinisch-Westfälischen Kohlen-Syndikat, 2. Ausgabe, 1932.

42 Schäfer, A.: Einrichtung und Betrieb eines Gaswerks, München 1907.

43 Statistisches Reichsamt: Deutsche Wirtschaftskunde, Berlin 1930.

44 Starke, Rich. F.: Groß-Gas-Versorgung, Leipzig 1924.

45 Wahl, Ludwig: »100 Jahre Dresdener Gaswerke«,
       Rat zu Dresden, Betriebsamt, Festschrift 1928.

Sachverzeichnis.

Die Zahlen sind die Seitenzahlen des Buches.

www.ingramcontent.com/pod-product-compliance
Lightning Source LLC
Chambersburg PA
CBHW081557190326
41458CB00015B/5642